火电厂脱硫废水零排放改造经典案例

主　编　齐笑言　吴　静　梁　川
副主编　李　响　吕　晶　张建峰

东北大学出版社
·沈　阳·

图书在版编目（CIP）数据

火电厂脱硫废水零排放改造经典案例 / 齐笑言，吴静，梁川主编. — 沈阳：东北大学出版社，2023.5
ISBN 978-7-5517-3259-8

Ⅰ. ①火… Ⅱ. ①齐… ②吴… ③梁… Ⅲ. ①火电厂—脱硫—废水处理—案例 Ⅳ. ①X773

中国国家版本馆 CIP 数据核字（2023）第 090859 号

出 版 者：东北大学出版社
地址：沈阳市和平区文化路三号巷 11 号
邮编：110819
电话：024-83680176（编辑部） 83687331（营销部）
传真：024-83687332（总编室） 83680180（营销部）
网址：http://www.neupress.com
E-mail: neuph@neupress.com
印 刷 者：抚顺光辉彩色广告印刷有限公司
发 行 者：东北大学出版社
幅面尺寸：185 mm×260 mm
印 张：13.75
字 数：301 千字
出版时间：2023 年 5 月第 1 版
印刷时间：2023 年 5 月第 1 次印刷
责任编辑：白松艳
责任校对：刘桉彤
封面设计：潘正一

ISBN 978-7-5517-3259-8 定 价：68.00 元

前言

PREFACE

火电厂是用水大户，火电厂产生的废水是工业废水的重要组成部分。鉴于火电厂废水特殊的水质特点，必须严格处理后排放，否则将对电厂周边环境造成严重影响。因此，针对以火电厂废水为代表的工业废水实施零排放处理系统工程示范和推广显得十分必要。

为满足环保标准的要求，各火电厂需结合自身用水水质、场地情况、脱硫设备技术路线、脱硫装置运行状况、废水水质、水量等因素选择一种或几种不同技术路线进行组合，以便满足废水零排放处理需求。复杂的选型路线为待改造的火电厂带来一系列问题。

近年来，编者在火电厂环保技术服务方面开展了大量工作，编者选取了几个具有代表性并各具特点的火电厂废水零排放改造项目，对其改造方案进行了梳理和总结。通过对各火电厂改造前各项技术参数、电厂现场条件等影响因素进行分析，论证了不同技术路线的实施可行性，对可行技术路线的改造成本、运行成本等因素进行分析后，推荐了最适宜的技术路线，可供后续火电厂废水零排放改造工作借鉴。

限于编者水平，本书中仍存在很多不足之处，恳请各位专家、读者批评指正。

编　者

2023年3月

目录
CONTENTS

第1章

火电厂水处理技术简介

1.1 背景

火电厂是用水大户，其耗水量约占工业耗水量的40%。由于用水量大，火电厂产生的废水是工业废水的重要组成。火电厂废水具有悬浮物含量大、重金属和盐含量高等工业废水所具有的典型特点。以脱硫废水为例，其来源主要为石灰石-石膏湿法烟气脱硫过程中吸收塔的排放水，其中的杂质主要来源于烟气和脱硫剂，很多是国家环保标准中要求严格控制的第一类污染物，主要包括悬浮物、过饱和的亚硫酸盐、硫酸盐及多种重金属等。一般来说，一座火电厂排放的废水相比城镇生活污水及工厂工业污水排放量少，但鉴于其特殊的水质特点，必须进行严格处理后排放，否则将对电厂周边环境造成严重影响，不仅会恶化水质，还会破坏农田土壤，甚至污染大气环境，对生态环境、动植物和人类健康产生较大潜在危害。

2015年4月，国务院发布《水污染防治行动计划》（以下简称“水十条”），将我国水污染治理，尤其是工业废水的治理工作上升到国家战略层面。“水十条”指出，到2020年，全国水环境质量得到阶段性改善，污染严重水体较大幅度减少，七大重点流域水质优良（即达到或优于Ⅲ类）比例总体达到70%以上，地级及以上城市建成区黑臭水体均控制在10%以内。2017年1月，环保部（生态环境部前身）发布《火电厂污染防治技术政策》，要求火电厂水污染防治应遵循分类处理、一水多用的原则，鼓励火电厂实现废水的循环使用，不外排。

1.2 废水形成机理及危害

1.2.1 废水形成机理

火电厂现阶段主流脱硫工艺为石灰石-石膏处理工艺，该工艺主要机理为采用石灰石或氧化钙与水配制成碱性浆液，浆液在脱硫塔中与含有二氧化硫的烟气流向相反的方向，喷射从而产生吸附作用，吸收了二氧化硫的浆液在氧化风机供应的氧气作用下进行氧化，并脱水形成石膏排出塔外。

在脱硫装置运行的过程中，脱硫塔浆液会不断富集氯离子、钙离子、镁离子、氟离子、硫酸根离子、亚硫酸根离子、重金属及悬浮物等污染物。浆液中的氯离子浓度过高时，会对浆液吸收二氧化硫造成不良影响，同时也会腐蚀脱硫塔内壁及液泵的叶轮，因此，必须通过定期排出脱硫废水的形式降低浆液中氯离子浓度。脱硫废水成分较为复杂，同时受电厂工况、脱硫装置运行方式、自来水水质、石灰石品质等因素影响，其水质变化较大。

1.2.2 废水危害

如上文所述，废水中的氯离子会对液体运输管路、水泵叶轮造成腐蚀，如不对其进行处理，会对输水装置安全运行造成不良影响。同时脱硫废水中有较高浓度的钙离子、镁离子，容易造成设备结构等发生问题，对电厂安全生产及设备使用寿命造成较大影响。

燃煤电厂烟气中含有汞、砷、铅、铬、镍等多种重金属元素，这些重金属元素会在脱硫塔中被吸附到浆液中，并会在浆液中不断富集，不对其进行处理排放水体会对动植物造成较大危害。

1.3 火电厂脱硫废水直接消化

目前，脱硫废水在燃煤电厂有几种直接消化途径，每种技术均存在一定的优势与不足，具体如表1.1所列。

表1.1 燃煤电厂脱硫废水直接消化或排放路径

直接消化方式	存在问题
干灰调湿	脱硫废水中含有较多的硫酸根、亚硫酸根离子，用于干灰调湿会影响干灰品质； 干灰调湿有间歇性用水需求，而脱硫废水排放为连续排放，因此难以将脱硫废水完全利用； 综上，此技术难以达到废水零排放的处理需求
煤场喷淋	脱硫废水中含有较高的重金属、氯离子、氟离子等污染物，将其喷洒至煤场后，在煤燃烧过程中，会再次将污染物转移至脱硫浆液中，会导致污染物在浆液中不断富集，进一步加大脱硫系统排污需求，因此，本方法没有从根本上将废水脱硫； 煤场喷淋有间歇性用水需求，而脱硫废水排放为连续排放，因此难以将脱硫废水完全利用； 综上，此技术难以达到废水零排放的处理需求

表1.1（续）

直接消化方式	存在问题
灰场喷洒	现阶段大多数电厂的灰场不设在电厂周边，脱硫废水用于灰场喷洒，经济效益较低，并会带来废水输送问题； 灰场喷洒有间歇性用水需求，而脱硫废水排放为连续排放，因此，即便不考虑脱硫废水输送问题，也难以将脱硫废水完全利用； 对于部分环评批复要求灰渣综合利用的电厂，难以采用此技术处理脱硫废水； 综上，此技术难以达到废水零排放的处理需求
冲灰	该方式仅可用于采用水力除灰方式的电厂，由于水力除灰会产生较大的二次污染，该技术已基本被淘汰
排渣补水	该方式仅可用于采用湿排渣系统的电厂，由于脱硫废水的特殊组成导致除渣系统设备会有较高的腐蚀风险；同时该方式易使渣水变稠，影响刮渣效果。因此，不建议采用此方式

1.4 火电厂脱硫废水预处理技术概述

传统脱硫废水处理方法包括灰场处置、煤场喷淋、灰渣闭式循环系统及三联箱法等。灰场处置、煤场喷洒、灰渣闭式循环系统所需水量较少，而且会造成系统设备腐蚀，对电厂的安全运行造成隐患；三联箱法经过简单中和、絮凝和沉淀澄清后，虽可有效去除悬浮固体、重金属离子和F^-等污染物，但该工艺难以有效去除Na^+，Cl^-，SO_4^{2-}，Ca^{2+}，Mg^{2+}等，出水含盐量仍很高，回用困难。

脱硫废水水质复杂，要达到零排放的目的，就要根据不同污染物的特征进行分段处理。脱硫废水零排放处理过程分为预处理、浓缩减量和蒸发固化。燃煤电厂脱硫废水零排放处理过程分为预处理、浓缩减量和蒸发固化。

1.5 脱硫废水预处理

脱硫废水预处理是实现脱硫废水零排放的基础，主要是对废水进行软化处理，去除废水中过高的钙镁硬度，防止后续处理系统频繁出现污堵、结垢等现象；同时，去除废水中的悬浮物、重金属和硫酸根等离子。常用于脱硫废水的预处理工艺是化学沉淀→微滤沉淀。

1.5.1 化学沉淀法

化学沉淀法是当前应用最为广泛的火电厂废水处理工艺，该工艺包括以下步骤。

① 废水中和沉淀。排出的废水直接进入中和反应池，向反应池中加入NaOH或$Ca(OH)_2$等碱性物质，在升高废水pH值的同时，废水中的Fe^{3+}，Zn^{2+}，Cu^{2+}，Ni^{2+}，Cr^{3+}等大部分重金属离子生成氢氧化物沉淀得以去除。由于Fe，Zn，Al，Cr等金属的氢氧化物为两性化合物，当溶液pH值继续升高时，已生成的沉淀可能会生成羟基化合物又溶解于水中。因此，通常将中和沉淀池的pH值调节到9左右。

② 重金属沉淀。经过加碱中和反应之后，仍有大部分Hg^{2+}和Pb^{2+}等以离子的形态留在废水中，而HgS和PbS等的溶度积比较小，因此，加入S^{2-}或有机硫能使废水中的Hg^{2+}和Pb^{2+}等成为硫化物沉淀。

③ 混凝沉淀。在经过以上两步反应之后，废水中仍含有许多细小而分散的颗粒和胶体物质，再加入絮凝剂使它们凝聚成大颗粒沉淀下来。

④ 澄清。混凝后的废水进入澄清池，依靠重力进行沉降，上清液达标后排出，污泥进行浓缩处理。调节好化学沉淀法的运行条件，Ni，Cd，Zn，Cr等金属离子的去除率均能达到90%，处理后的废水基本满足国家排放标准。

化学沉淀法的处理流程见图1.1。

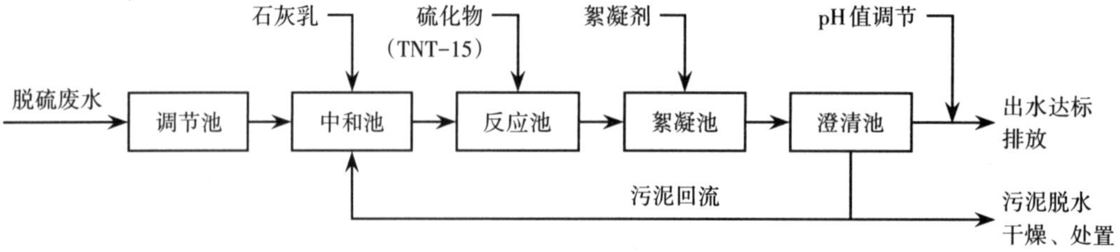

图1.1 化学沉淀法处理流程图

1.5.2 沉淀-微滤膜法

在荷兰等欧洲发达国家，废水的排放标准非常严格，仅靠化学沉淀的工艺难以达到排放要求，沉淀-微滤膜法因此出现。沉淀-微滤膜法就是指分别用亲水和疏水微滤膜对化学沉淀后的脱硫废水进行深度处理。向化学沉淀池中加入NaOH或$Ca(OH)_2$和Na_2S等物质，使废水中大部分金属及重金属离子与其反应生成难溶于水的物质，反应后的废水流入澄清池，经过重力沉淀，大部分悬浮颗粒和难溶于水的物质沉淀下来，澄清池出水进入微滤反应池，在微滤反应池中剩余的悬浮物和金属化合物被截留，穿过微滤膜的淡水进入蓄水池，没穿过微滤膜的浓水回流至澄清池。该法对脱硫废水中的悬浮物、重金属的去除非常有效，经过微滤处理后的脱硫废水，其中SS低于1 μg/L，As，Cd，Cr，Hg，Ni和Pb等离子质量浓度分别低于4.0，0.5，0.3，1.0，3.0，3.0 μg/L，满足欧洲国家严格的污染物排放标准。沉淀-微滤膜法工艺见图1.2。

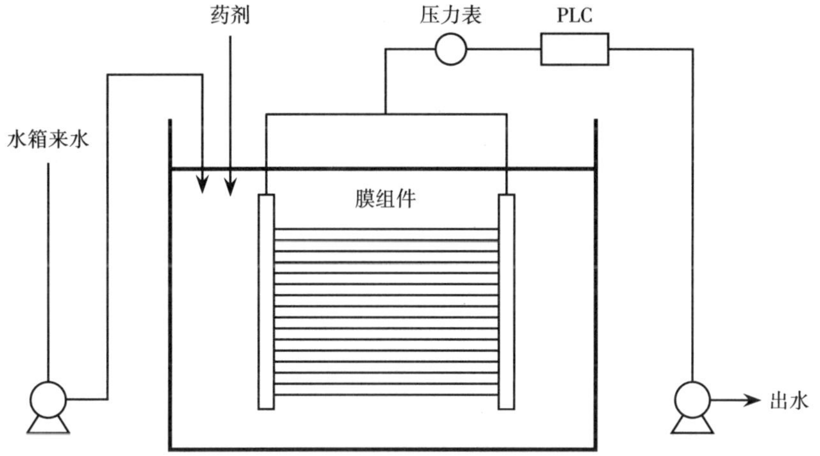

图1.2 沉淀-微滤膜法工艺

1.5.3 电絮凝法

电絮凝法又称电气浮法，是一种运用电解和电混凝原理去除废水中有毒有害物质的方法。它主要是使用可溶性金属铁或金属铝作电极进行电解。一方面，可溶性金属电极在阳极上产生的金属离子与水溶液离解产生的OH^-结合生成氢氧化物胶体，能和水中有机和无机杂质发生絮凝作用，以去除废水中的悬浮物。另一方面，在阴极电解水产生的氢气，会以微小气泡形式逸出，可以携带废水中的絮状物和油类物质一起上浮，产生气浮作用，达到分离和净化的效果。同时，在电凝过程中，阳极表面会产生大量中间产物，如原子态氧、羟基自由基，可以氧化水中的有机物，去除水中的化学需氧量，同时使难降解的大分子有机污染物发生断链反应，生成易降解的小分子有机物，提高废水的生化性，而阴极表面在电凝过程中会产生原子态氢，具有很强的还原能力，可将显色的成分还原成无色物质，从而去除废水中的色度。电絮凝法工艺见图1.3。

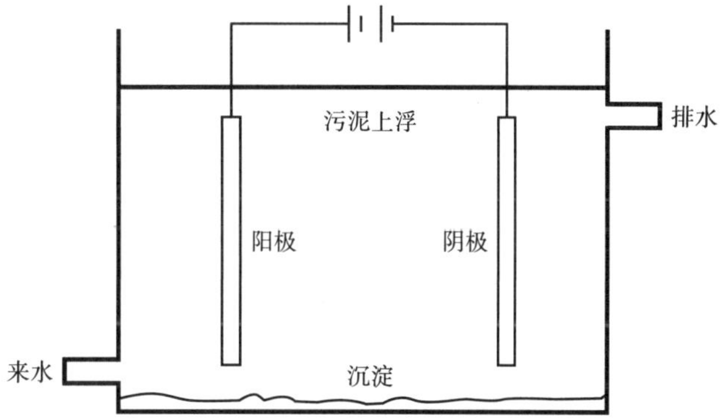

图1.3 电絮凝法工艺

1.6 脱硫废水浓缩减量

浓缩减量主要通过热浓缩或膜浓缩等技术，使预处理后的脱硫废水得到浓缩，废水量得到降低。这不仅可回收水资源，更重要的是减少了后续蒸发固化的处理量，从而降低蒸发固化的处理成本，是实现脱硫废水零排放的保障。

1.6.1 热浓缩

利用蒸发器将废水浓缩至可结晶固化程度，常用的技术主要有多效蒸发（MED）和机械蒸汽再压缩（MVR）。

1.6.1.1 多效强制循环蒸发技术（MED）

多效强制循环蒸发技术是将一个蒸发器蒸发出来的蒸汽引入下一蒸发器，利用其凝结放出的热加热蒸发器中的水，两个或多于两个蒸发器串联以充分利用热能的蒸发系统。将加热蒸汽通入蒸发器，则溶液受热而沸腾，而产生的二次蒸汽的压力与温度较原加热蒸汽（即生蒸汽）低，但此二次蒸汽仍可设法加以利用。在多效蒸发中，则可将二次蒸汽当作加热蒸汽，引入另一个蒸发器，只要后者蒸发室压力和溶液沸点均较原来蒸发器中的低，那么引入的二次蒸汽即能起加热热源的作用。同理，第二个蒸发器新产生的二次蒸汽又可作为第三蒸发器的加热蒸汽。这样，每一个蒸发器称为一效，将多个蒸发器连接起来一同操作，即组成一个多效蒸发系统。加入生蒸汽的蒸发器称为第一效，利用第一效二次蒸汽加热的称为第二效，依此类推，产生循环利用。多次重复利用热能，显著降低了热能耗用量，强制循环蒸发工艺的优点是技术成熟，国内有超过20年的使用经验，缺点是能耗很高，每蒸发1 m^3废水，需要消耗蒸汽300～400 kg，耗电30～80 kW·h。

1.6.1.2 机械式蒸汽再压缩蒸发技术（MVR）

机械式蒸汽再压缩蒸发技术（MVR）分为立式和卧式。

（1）立式降膜机械蒸汽压缩蒸发系统（立式MVR）。

立管降膜蒸发是将料液自降膜蒸发器加热室上管箱加入，经液体分布及成膜装置，均匀分配到各换热管，料液在降膜蒸发器内，在重力和真空诱导及气流作用下，成均匀膜状自上而下流动。在流动过程中，被壳程加热介质加热汽化，产生的蒸汽与液相共同进入蒸发器的分离室，汽液经充分分离，蒸汽进入冷凝器冷凝（单效操作）

或进入下一效蒸发器作为加热介质，从而实现多效操作，液相则由分离室排出。

立管降膜蒸发工艺，需蒸发的物料通过进料泵从降膜蒸发器顶部进入，走蒸发管内（管程），物料通过布膜器以膜状分布到换热管内，物料在凭借引力流下管腔时被管外的蒸汽加热，达到蒸发温度后开始蒸发，物料连同二次蒸汽从管内流下以薄膜的形式蒸发。二次蒸汽被蒸汽压缩机压缩后，送入降膜加热室壳程作为加热蒸汽。降膜加热室壳程有板块，引导二次蒸汽冷凝和排出不可以冷凝的气体。而在过程中把本身热能经过管壁从外传到管内蒸发中的物料，通过换热后二次蒸汽冷凝成水排出降膜蒸发器。

立式降膜蒸发器与MED相比，在换热界面同时实现了热交换和蒸发过程，相对于MED的换热和蒸发通过两个设备分别实现，效率更高，同时有效地缩小了设备规格，结合机械蒸汽压缩节能技术，其能耗远远低于MED。

立式降膜蒸发器的换热管长径比一般为150～200 mm，对管材要求很高，微小的变形，就会造成局部干加热，导致结垢，另外对换热管的安装垂直度偏差要求严格。立管蒸发器反应过程中废水从管内流过，加热蒸汽走管外，对预处理要求较高。

立式MVR工艺成熟，能耗低；缺点是施工要求严格，换热管结垢堵死难以恢复，运行情况难以监视。每蒸发1 m^3废水，消耗蒸汽5～10 kg，耗电20～50 kW·h。

（2）卧式喷淋机械蒸汽压缩蒸发系统（卧式MVR）。

卧式降膜蒸发工艺，需蒸发的物料通过进料泵从降膜蒸发器顶部进入，通过喷头喷射而下，以膜状分布到管外，物料在凭借引力流下时被管内的蒸汽加热，达到蒸发温度后开始蒸发，物料沿着换热管外壳流下，汇集在蒸发器底部热井中。二次蒸汽从顶部经过除雾器后，进入蒸汽压缩机压缩，送入管内作为加热蒸汽。而在过程中把本身热能经过管壁从管内传到管外蒸发物料，通过换热后二次蒸汽冷凝成水排出降膜蒸发器。

与立式MVR相比，换热管水平设置，实现了高盐废水走管外、加热蒸汽走管内，与立式MVR高盐废水走管内、加热蒸汽走管外相比，对于结垢的处理更便利，不会因为结垢导致钛管报废。并且可以通过视窗观察设备的运行情况，便于管理。卧式MVR的换热管为水平布置，由于废水在蒸发器内通过喷头进行喷淋布水，废水通过管外形成薄膜蒸发，废水的流程很短，对管道的水平安装要求较低，与立式MVR相比更加适应结垢水质。但是，由于卧式MVR蒸发器的传热系数低于立式MVR，所以换热面积要大于立式MVR，换热器外壳必须采用高级合金材料，设备材料价格较高，制造费用较高。

卧式MVR工艺成熟，其能耗水平与立式MVR相当。对结垢型水质适应性强，结垢易于处理，便于运行监控，施工安装要求低，不会因为结垢堵塞导致换热钛管报废。缺点是换热面积大，设备制造费用较高。卧式MVR结晶系统工艺成熟，每蒸发1 m^3

水，需消耗蒸汽50 ~ 60 kg，耗电30 ~ 50 kW·h。

1.6.2 膜浓缩

目前，膜分离技术被广泛应用于火电厂脱硫废水的浓缩研究，以减少蒸发固化的处理量，使零排放技术更经济可行。用于脱硫废水膜浓缩的膜分离技术有反渗透（RO）、电渗析（ED）、正渗透（FO）和膜蒸馏（MD）。

1.6.2.1 反渗透（RO）

RO过程能耗较低、适用性强、应用范围广，已被广泛应用于脱硫废水处理。然而，RO易发生膜污染与结垢。为防止RO膜污染与结垢，可采用超频震荡膜技术或高效RO工艺，但这需更强的预处理和更高的pH值，会提高运行成本；此外，即使采用震荡膜技术，经RO浓缩的浓水TDS只能达到90 g/L，其TDS远低于可实现结晶固化的250 g/L水平，故单凭RO不能将盐水浓缩至可结晶固化水平。

1.6.2.2 电渗析（ED）

ED因耐受钙镁结垢能力较低，工程应用常采用倒电极的方法减少ED的膜污染，该工艺称为倒极式电渗析（EDR）。与RO相比，ED和EDR所需预处理较少，且对含硅废水的耐受性较强。此外，ED和EDR能将盐水浓缩至120 g/L以上，甚至达到200 g/L的水平，通常电耗为7 ~ 15 kW·h/m^{3}废水。为避免浓差极化，如Loganathan等报道EDR的淡水ρ(TDS)>10 g/L，或使直接回用受限，但ED和EDR所产的淡水可以混合其他方法加以回用。

1.6.2.3 正渗透（FO）

FO属自发过程，但是汲取液的再生需额外能量。浙江长兴某电厂2×600 MW机组是首个采用正渗透方法处理脱硫废水的工程案例，系统处理水量为22 m^3/h，其中脱硫废水18 m^3/h，经FO浓缩后的TDS可高达220 g/L以上；同时将FO产水与汲取液回收系统相结合，再经RO进一步除盐后，最终产水可回用于锅炉补给水。但是，汲取液的再生复杂，整个工艺路线长，系统复杂，投资成本高。

1.6.2.4 膜蒸馏（MD）

非挥发溶质水溶液的MD，仅水蒸气能透过膜。MD可以利用火力发电厂丰富的低品质废热，且能近百分之百地截留非挥发性溶质。溶质若易结晶，则能被浓缩至过饱和而产生结晶。MD能耗与操作方式息息相关，在实际应用中，直接接触式膜蒸馏海水淡化的能耗可达40～45 kW·h/m³产水。但是，由于火力发电厂丰富的低品质热源，热驱动的MD不能与电驱动技术直接比较能耗。此外，目前尚缺少性能可靠、能够长时间稳定运行的商业化蒸馏膜。

薄膜蒸馏技术的原理是通过真空系统，在薄膜蒸馏器的一侧形成稳定负压，废水产生的蒸汽将透过高能效薄膜被不断抽出，蒸汽在冷凝器中进行冷凝，收集的冷凝纯水可以补充到循环水中，也可以补充到厂区的纯水系统中，大大节省厂区的用水量。薄膜蒸馏技术采用厂区冷凝水中产生的凝水，通过加热器对废盐水进行预热，需要的热量很少。

1.6.2.5 小结

上述4种膜浓缩技术对比如表1.2所列。其中，普通RO浓缩能够达到的含盐量有限，需要与FO，ED，MD进一步组合或增设蒸发器进行再浓缩；FO虽有工程实例，但工艺路线复杂，成本高；ED技术在其他领域应用相对成熟，但目前还未见报道用于脱硫废水处理的工程实例；MD因其具有可利用火电厂低品废热优点，在脱硫废水零排放领域具有潜在应用前景，但仍缺少适合于工业化稳定运行的蒸馏膜材料。4种膜浓缩技术都需要软化，抗污染能力由强到弱的顺序一般为MD，FO，ED，RO。

表1.2 膜浓缩技术对比

项目	RO	ED	FO	MD
操作压力/MPa	1.5～11.0	常压	常压	常压
能量类型	电能	电能	电能	热能
是否相变	否	否	否	是
浓缩液TDS	≤90	>120	>200	>200
能耗/(kW·h·m^{-3})	2.0～12.7	7～15	21	40～45
盐去除率/%	95～97	90	98	近100
工艺路线	简单	较简单	复杂	较简单
成熟度	成熟	较成熟	较成熟	不成熟

1.7 脱硫废水蒸发固化

蒸发固化可通过蒸发塘、结晶器和烟道处理法等技术蒸发浓缩后的脱硫废水，使废水中的水分汽化，废水中的杂质固化成结晶盐后外排处置，从而达到废水零排放的目的，是脱硫废水零排放的核心。

1.7.1 蒸发塘

蒸发塘（EP）属自然蒸发。目前EP多采用机械雾化蒸发器，相同的水塘面积，可大幅度增加蒸发的速度。雾化蒸发的速度是普通蒸发塘的14倍以上，极大地降低了蒸发面积。EP-雾化蒸发技术处理废水电耗约为4 $kW \cdot h/m^3$。由于EP蒸发速度偏慢，且运行不当会造成环境污染，因此相关法规禁止使用没有设置前端污水处理的蒸发塘。

1.7.2 结晶器

在脱硫废水处理中，结晶过程即溶液过饱和形成晶核，晶核长成晶体与母液分离。结晶系统常包括结晶器、强制循环泵、离心机、干燥器、打包机等。在实际工程中，结晶常与蒸发联用，涉及的技术也主要是MVR和MED。其中，MVR系统是一种应用广泛的结晶工艺，工艺成熟，耗电量为50 ~ 80 $kW \cdot h/m^3$。广东河源某电厂脱硫废水经四效强制循环蒸发结晶罐产生能达到工业盐标准的结晶盐，但其占地面积大、基建费用高昂、运行能耗高。结晶方式分为加晶种和不加晶种。一般，结晶设备产生的结晶盐大多属杂盐，无法回用。不过，可以根据Na_2SO_4和NaCl的溶解度随温度的变化不同，控制结晶器不同效的条件实现NaCl和Na_2SO_4分离。

1.7.3 烟道蒸发

按照蒸发位置的不同，烟道蒸发可分为直喷烟道余热蒸发和高温旁路烟气蒸发。

直喷烟道余热蒸发原理：在锅炉尾部空气预热器与除尘器之间的烟道内设置喷嘴，将预处理浓缩后的废水雾化；雾化液滴在高温烟气作用下快速蒸发，随烟气排出，而废水中的杂质则进入除尘系统，随粉煤灰一起外排，从而达到零排放的目的。河南焦作某电厂初期采用该法，运行情况表明，该工艺投资和运行成本较低。然而低温电除尘技术的普及，使得直喷烟道余热蒸发可利用的有效烟道长度减小，狭窄的空间限制了蒸发的水量。

高温旁路烟气蒸发原理：在高温旁路烟气蒸发器内，预处理浓缩后的脱硫废水被输送至高效雾化喷头，经雾化生成的微小液滴被从主烟道（SCR后，空预器前）引入的高温烟气蒸发；雾化液滴中含有的盐类物质在蒸发过程中持续析出，并附着在烟气中的粉尘颗粒上，经旁路烟道出口进入除尘器，被除尘器捕集；蒸发后的水蒸气随烟气进入脱硫塔，在脱硫塔被冷凝后间接补充脱硫工艺用水，从而实现脱硫废水零排放。该方法已经成功用于焦作万方电厂。脱硫废水高温旁路烟气蒸发系统结构简单，烟气流量流速可以控制，保障了液滴的完全高效蒸发；相关设备还可单独隔离与拆卸，建设简单，且利于系统后续的运行维护，对主烟道的影响较小。但本项目采用生产碳素的回转窑余热锅炉，在生产工艺环节中需要将大量的水喷入烟气中用于降温，由于喷入大量的水，导致除尘器入口的烟气温度已经十分接近酸露点温度，因此本方案不宜采用该技术。

1.7.4 小结

综上所述，各种蒸发固化技术中，蒸发塘占地广、存在潜在污染等问题，难以推广应用；结晶器技术成熟，但造价高、运行相对复杂；直喷烟道余热蒸发受限于烟道结构、直烟道长度和烟气温度，在火电厂应用中受限；旁路烟气蒸发设备简单，自动化程度高。

1.8 火电厂废水处理技术方法对比

综合对比以上废水处理技术方法可知：

化学沉淀法可以有效除去脱硫废水中的Ca^{2+}，Mg^{2+}和其他重金属离子，但仍会产生达标的废水，且该废水中Na^{+}，Cl^{-}含量极高，无法用于其他水系统的补水，不能实现真正意义上的脱硫废水零排放，但该方法非常适合作为其他废水处理技术的预处理技术。

沉淀-微滤膜法处理效果好，可满足高要求的排放标准，操作简单可自动化，但由于澄清池出水常存在较多悬浮颗粒，微滤膜污堵现象严重，运行维护工作量较大，国内使用较少。

电絮凝法可去除的污染物种类十分多样，且具有较广的适用pH值范围，所形成的沉渣密实、澄清效果好，耗电量与投药量均不显著，具有较为理想的技术经济性。

强制循环MED工艺技术成熟但能耗很高。

立式MVR工艺成熟，能耗低，缺点是施工要求严格，换热管结垢堵死难以恢复，运行情况难以监视。

卧式MVR工艺成熟，能耗水平与立式MVR相当。优点是结垢易于处理，便于运行监控，施工安装要求低；缺点是换热面积大，设备制造费用较高。

薄膜蒸馏技术具有较高的效能，不仅处理程度彻底，而且处理能力较大，纳米薄膜具有抗结垢、抗生物污染的特点，其建设成本、运营和维护成本均较低。其中，薄膜蒸馏技术利用50～60 ℃的废热余热提供部分蒸发动力，配以小抽力真空泵，不需要高压设备，该技术具有较高的环境拓展性，但是薄膜蒸馏技术实际上是废水浓缩减量技术，需配合预处理和深度处理技术才能实现真正意义上的废水零排放。

烟道蒸发方法可以避免额外设置专门用于处理废水的大型设备或构筑物，且无需添加药剂或仅需添加少量药剂，除将增加很少的飞灰量外，对废水的处理具有明显的减量化和无害化效果。在废水处理量较小时，对机组锅炉运行产生的影响十分有限。该方法具有改造工程量低、投资和运行成本较低等优点。

第2章

案例1　某2×9 MW机组化学废水回用+脱硫废水零排放改造案例

2.1　概况

2.1.1　工程概况

某集团1、2号汽轮机为青岛捷能汽轮机集团股份有限公司生产的C9-3.43/0.294型单缸、单轴、单排汽、中压抽汽空冷凝汽式汽轮机；锅炉为江苏太湖锅炉股份有限公司生产的Q90/1050-41-3.82/450型汽水系统自然循环、烟气系统强制循环余热锅炉；发电机出口电压为10.5 kV，主变压器为中电电气集团有限公司生产的SCB10-2500/10.5/0.4型干式变压器；机组控制采用北京和利时公司生产的MACSVDCS控制系统。该集团铝厂煅烧工段工艺设计62 m回转窑2套，在生产过程中排出大量高温烟气，为充分利用烟气余热，节约能源，在2台煅烧炉尾部烟气出口处各设置1台余热蒸汽锅炉，产生的蒸汽供给汽轮发电机发电，在冬季为三期铝厂及碳素厂供暖，全年为大窑提供伴热蒸汽及热煤炉加热蒸汽。

该集团余热电站建有一套完整的化学制水系统，采用超滤+反渗透+EDI除盐的制水工艺，制备电厂所需的各类型用水。

该集团两台回转窑共设有余热锅炉2台，每台余热锅炉配置一套烟气脱硫设备，均为湿式“钠钙双碱法”脱硫（共2套）设备，此2套脱硫设备共用1套脱硫辅助系统。脱硫设备按照每台锅炉配套一台主塔、一台副塔、一台预处理器布置。无任何配套的脱硝装置。

2017年，为实现环保达标排放，该集团对两台回转窑烟气余热锅炉进行了烟气除尘和脱硫装置的改造，烟气除尘装置采用布袋除尘工艺，烟气脱硫装置采用石灰石-石膏湿法脱硫工艺，按照一炉一塔进行配置，并配套建设脱硫废水处理装置，采用“三联箱”化学沉淀工艺。同期余热锅炉还新建了烟气脱硝装置，采用SNCR烟气脱硝工艺，脱硝还原剂为尿素。

目前，该电厂现有的废水主要包含脱硫废水和化学废水（反渗透浓水、超滤反洗排水和EDI排水），设计方案是经废水处理后的废水排至铝厂工业废水处理站。由于这两种废水含盐量高无法回用于生产系统，现阶段只能处理达标后再向外排放。

2.1.2 废水深度处理改造的必要性

按照该集团当地环境保护局《关于建设项目环境影响报告书的批复》文件要求，生产废水主要为设备冷却水及脱硫废水，经沉淀处理后全部循环利用，严禁外排。目前，该厂的脱硫废水和化学废水处理未达到以上文件的要求，向外排放有较大的环境保护处罚风险，因此，针对该厂开展废水深度处理改造工程是十分紧迫和必要的。

2.1.3 主要技术原则

本示范工程立足电厂废水处理和排放现状，结合国家和地方环境法规的要求，提出合理的、可行的、经济的处理工艺设计方案。设计原则主要包括：

① 系统布置合理，采用可靠、先进的改造方案，造价经济、合理，便于运行维护；

② 废水处理系统的调试、启动、停机和运行不影响主机的正常工作且其进度应服从主机系统的检修时间要求；

③ 能可靠和稳定地连续运行，能适应锅炉的启动、停机及负荷变动；

④ 在设计上留有足够的通道，包括施工、检修需要的吊装及运输通道；

⑤ 为了降低工程造价，充分利用原有设备。

2.2 主要设备设计参数

2.2.1 环境条件

2.2.1.1 水文气象条件

厂址东南侧为某河，由厂区东面约500 m处自南向北流过。本区地下水分为第四系松散岩类孔隙潜水和侏罗纪基岩孔隙裂隙潜水，主要以接受垂向大气降水和上游地下水径流补给为主。地下水化学类型为HCO_3-NaCa，pH值为7.8～8.1，无侵蚀性CO_2，此水对混凝土无侵蚀性。

该地属中纬度温带大陆性季风气候，北部属半湿润森林草原型，中部和南部属半干旱山地草原型。四季分明，光照充足，太阳辐射较强，日照时间较长。春季干旱，多大风；夏季北部温凉，南部、中部温热，雨热同期；秋季短暂而霜早；冬季漫长而寒冷。根据扎鲁特旗气象站长年观测资料，该地区主要气象参数见表2.1。

表2.1 项目所在地主要气象资料

序号	名称	单位	数值
1	最热月平均气温	℃	19.4
2	最冷极限气温	℃	-40
3	年平均气温	℃	0.1
4	年平均气压	hPa	910.6
5	年平均相对湿度	%	56
6	年平均降雨量	mm	354.3
7	年最大降雨量	mm	611.8
8	年最小降雨量	mm	237.6
9	日最大降雨量	mm	151.9
10	年平均降水日数	d	64
11	年平均蒸发量	mm	2325.8
12	厂区主导风向		NW
13	年平均风速	m/s	3.1
14	最大风速	m/s	19.0
15	最大积雪深度	mm	110
16	年平均积雪日数	d	15

2.2.1.2 工程地质

工程地质条件比较简单。区内松散覆盖层主要是第四系松散底层，分布广泛；其次是第二系松散底层，在厂区局部发育。松散覆盖层主要为沙土层、砂砾层、软土层等，透水性中等，渗透系数为1.87～11.29 m/d，局部发育的淤泥质软土层，厚度为5.0～49.47 m，一般为30 m，含水率为15.1%～26.9%，土层松软，稳定性较差。局部断层交叉结合部位的岩体。受应力较大，节理发育，易导致地下水活动，形成泥化夹层。

根据国家地震局、建设部震发（1992）160号关于发布《中国地震烈度区划图》（1990）和《中国地震烈度区划图（1990）使用规定》的通知及附件，扎哈淖尔地区地震基本烈度为Ⅵ度。

地下水化学类型为HCO_3-NaCa，pH值为7.8～8.1，无侵蚀性CO_2，此水对混凝土无侵蚀性。

地下水在厂区内普遍存在，属上层滞水，主要为大气降水及地表池塘、水库补给，红砂岩中含少量裂隙水，可视作不含水层，地下水稳定标高在37.5～41.0 m。根据水样分析报告，仅112号钻孔中水样侵蚀性CO_2有弱腐蚀性，主要是受扩建端江西角大理石厂排污影响所致，故在主厂房区内地下水对钢筋混凝土结构中钢筋有弱腐蚀性；扩建江西端地下水和土对混凝土结构有弱腐蚀性。

2.2.1.3 水源水质

本工程水源为两处，水源数据详见表2.2至表2.4。

表2.2 水源数据一

取样地		取样日期		分析日期		实验室编号
霍林河煤矿北矿坑		2005年5月8日		2005年5月8—14日		—
分析项目		P（$B^{2\pm}$）	C（$2^{-1}B^{2\pm}$）	分析项目		P（$CaCO_3$）
	BZ^+	mg/L	mmol/L			mg/L
阳离子	Na^+	50.0	2.17	硬度	全硬	8.0
	K^+	39.41	0.31		非碳酸盐硬度	8.0
	Ca^{2+}	116.2	5.8		碳酸盐硬度	0
	Mg^{2+}	26.73	2.2	碱度	甲基橙碱度	8.6
	全铁Fe^{2+}	3.009	0.11		酚酞碱度	0
	Al^{3+}	—	—			
	NH_4^+	0.59	0.0186	pH值		6.97
	总计	235.9	10.6	项目		
阴离子	Cl^-	13.5	0.38		游离CO_2	—
	SO_4^{2-}	62.7	1.31		全硅（SiO_2）	46.9
	活硅SiO_2	15.3	0.509		耗氧量（O_2）	2.4
	PO_4^{3-}	—	—		溶解固形物	549.9
	HCO_3^-	524.8	8.6		全固形物	560.9
	CO_3^{2-}	0	0		悬浮物	11.0
	OH^-	0	0			
	总计	616.3	10.8	污染指数（FI）		—

表2.3 水源数据二

取样地		取样日期		分析日期		实验室编号
霍林河水库两河交汇口		2005年1月7日		2005年1月7—19日		—
分析项目		P（$B^{2\pm}$）	C（$2^{-1}B^{2\pm}$）	分析项目		P（$CaCO_3$）
	BZ^+	mg/L	mmol/L			mg/L
阳离子	Na^+	41.0	1.78	硬度	全硬	9.6
	K^+	9.8	0.25		非碳酸盐硬度	9.6
	Ca^{2+}	146.3	7.3		碳酸盐硬度	0
	Mg^{2+}	27.9	2.3	碱度	甲基橙碱度	9.8
	全铁Fe^{2+}	0.23	0.0082		酚酞碱度	0
	Al^{3+}	—	—			
	NH_4^+	0.19	0.01	pH值		7.68
	总计	225.4	11.64	项目		
阴离子	Cl^-	22.0	0.62		游离CO_2	—
	SO_4^{2-}	47.0	0.98		全硅（SiO_2）	70.6
	二氧化硅	45.0	1.5		耗氧量（O_2）	1.4
	PO_4^{3-}	0.54	0.017		溶解固形物	695.3
	HCO_3^-	598.0	9.8		全固形物	720.6
	CO_3^{2-}	0	0		悬浮物	25.3
	OH^-	0	0			
	总计	712.5	12.9	污染指数（FI）		—

表 2.4 水源数据三

取样地		取样日期		分析日期		实验室编号
电厂来水口		2018年11月17日		2018年11月19—25日		—
分析项目		P（$B^{2\pm}$）	C（$2^{-1}B^{2\pm}$）	分析项目		P（$CaCO_3$）
	BZ^+	mg/L	mmol/L			mg/L
阳离子	Na^+	43.00	1.87	硬度	全硬	9.2
	K^+	9.20	0.23		非碳酸盐硬度	9.2
	Ca^{2+}	141.50	7.06		碳酸盐硬度	0
	Mg^{2+}	25.60	2.11	碱度	甲基橙碱度	9.5
	全铁 Fe^{2+}	0.20	0.0071		酚酞碱度	0
	Al^{3+}	—	—			
	NH_4^+	0.21	0.01	pH值		7.51
	总计	219.71	11.29	项目		
阴离子	Cl^-	20.00	0.56		游离 CO_2	—
	SO_4^{2-}	41.00	0.85		全硅（SiO_2）	68.4
	二氧化硅	44.00	1.47		耗氧量（O_2）	1.3
	PO_4^{3-}	0.55	0.017		溶解固形物	621.3
	HCO_3^-	579.00	9.49		全固形物	703.6
	CO_3^{2-}	0	0		悬浮物	26.1
	OH^-	0	0			
	总计	684.55	12.39	污染指数（FI）		—

表2.4为目前电厂用水实际化验水质数据，因表2.2和表2.3数据年份较久远，因此采用表2.4为此次改造项目设计水质。

2.2.2 化学制水概况

2.2.2.1 系统概述

该厂2×9 MW机组化学用水采用当地水库水和深井水为水源。水处理方式采用自清洗过滤器、超滤、一级保安过滤器、一级反渗透、二级保安过滤器、二级反渗透、EDI保安过滤器、EDI全膜水处理工艺。自清洗过滤器设计出力为120 t/h，超滤出力为2×50 t/h，一级反渗透出力为2×40 t/h，正常情况下，一套运行一套备用。二级反渗透出力为33 t/h，EDI装置出力为30 t/h。机组启动及事故状态时两套全部投入运行，系统设备最大出力为30 t/h。

2.2.2.2 工艺流程（如图2.1所示）

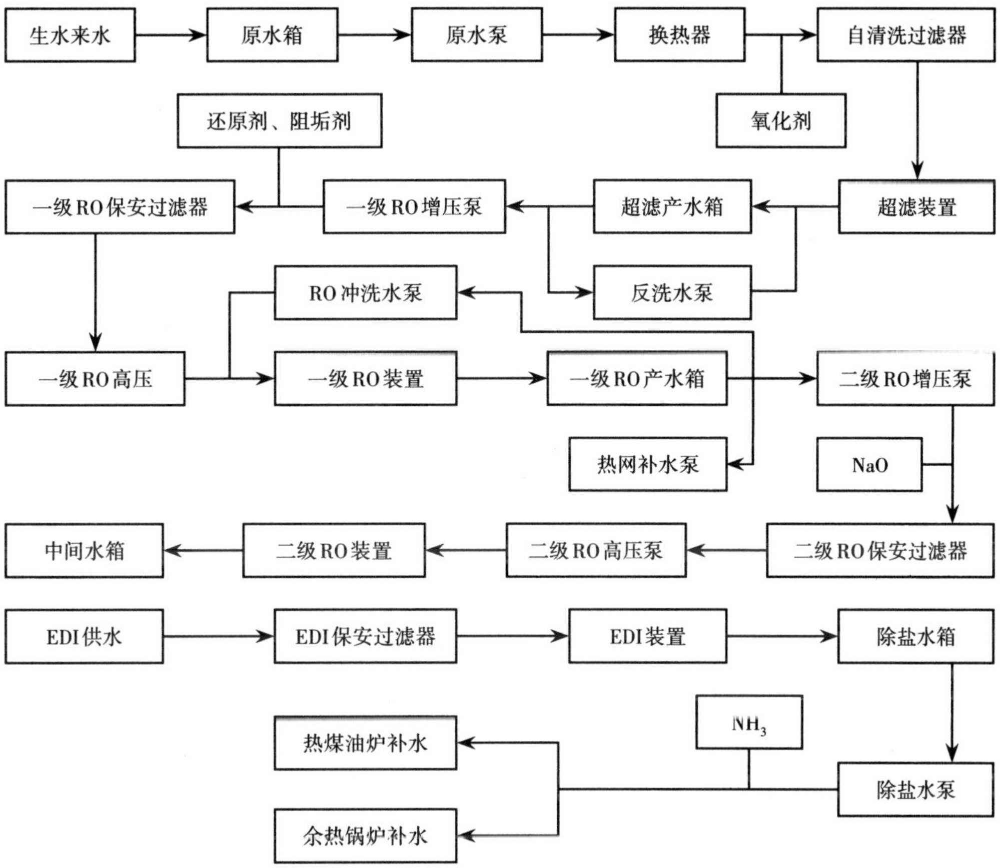

图2.1 化学制水工艺流程

2.2.2.3 设备参数

化学制水系统设备参数详见表2.5。

表2.5 化学制水系统设备参数

序号	设备名称	单位	数量	主要参数
1	生水箱	台	2	V=200 m^3
2	生水泵	台	3	Q=60 m^3/h，H=350 kPa
3	杀菌剂添加装置	套	1	2台计量泵、1个计量箱

表2.5（续）

序号	设备名称	单位	数量	主要参数
4	杀菌剂计量泵	台	2	Q=25 L/h，H=1200 kPa
5	换热器	台	1	Q=120 m³/h，Δt=25 ℃
6	自清洗过滤器	台	1	Q=120 m³/h，精度 100 ~ 130 μm
7	超滤装置	套	2	Q=50 m³/h（套）
8	超滤反洗水泵	台	2	Q=120 m³/h，H=200 kPa
9	超滤反洗加次氯酸装置	套	1	2台计量泵、1个计量箱
10	超滤反洗加次氯酸钠计量泵	台	2	Q=656 L/h，H=350 kPa
11	超滤反洗加酸装置	套	1	2台计量泵、1个计量箱
12	超滤反洗加酸计量泵	台	2	Q=170 L/h，H=700 kPa
13	超滤清洗装置	套	1	1台3 m³水箱、1台水泵、1台过滤器
14	超滤清洗水泵	台	1	Q=30 m³/h，H=30 m
15	超滤产水箱	台	1	V=100 m³
16	一级反渗透增压泵	台	3	Q=55 m³/h，H=32 m
17	还原剂添加装置	套	1	2台计量泵、1个计量箱
18	还原剂计量泵	台	2	Q=3.8 L/h，H=760 kPa
19	阻垢剂添加装置	套	1	2台计量泵、1个计量箱
20	阻垢剂计量泵	台	2	Q=3.8 L/h，H=760 kPa
21	一级RO保安过滤器	套	2	DN600，SUS304，5 μm
22	一级RO高压泵	台	2	Q=64 m³/h，H=147.5 m
23	一级反渗透膜组	套	2	Q=40 t/h，共84支膜元件
24	一级反渗透产水箱	座	1	V=100 m³
25	热网补水泵	台	2	Q=20 m³/h，H=70 m
26	二级反渗透增压泵	台	2	Q=50 m³/h，H=32 m
27	加碱调节pH值装置	套	1	2台计量泵、1个计量箱
28	加碱计量泵	台	2	Q=3.8 L/h，H=760 kPa
29	二级RO保安过滤器	套	1	DN500，SUS304，5 μm
30	二级RO高压泵	台	1	Q=45 m³/h，H=135.9 m

表2.5（续）

序号	设备名称	单位	数量	主要参数
31	二级反渗透膜组	套	1	Q=33 t/h，共30支膜元件
32	中间水箱	座	1	V=12 m^3
33	RO冲洗水泵	台	1	Q=50 m^3/h，H=32 m
34	RO清洗保安过滤器	套	1	DN600，SUS304，5 μm
35	EDI供水泵	台	2	Q=38 m^3/h，H=50 m
36	EDI保安过滤器	套	1	DN500，SUS304，5 μm
37	EDI装置	套	1	Q=30 m^3/h
38	除盐水箱	个	2	V=100 m^3
39	除盐水泵	台	2	Q=30 m^3/h，H=45 m
40	磷酸盐添加装置	套	1	3台计量泵、2个计量箱
41	给水加氨装置	套	1	2台计量泵、1个计量箱
42	给水加氨计量泵	台	2	Q=9.5 L/h，H=690 kPa
43	气动阀用贮气罐	台	1	V=3.0 m^3

2.2.3 湿法脱硫概况

该厂2×9 MW机组脱硫系统采用一炉一塔配置，采用石灰石-石膏湿法脱硫工艺，每台脱硫塔设4层喷淋层，采用石灰石粉制浆，脱硫设置一套废水处理系统、一套事故浆液系统，配套电气及热控设备。

2.2.3.1 脱硫主要设备及烟气参数概况

2台机组脱硫系统设备配置基本相同，脱硫系统：吸收塔为变径塔，下部直径为7 m，上部直径为5 m，采用玻璃鳞片防腐，每台塔设四层喷淋层，三级高效除雾器；3台侧进式搅拌器；4台浆液循环泵；2台石膏排出泵；1套事故喷淋系统。

脱硫公用系统配置：1座石灰石粉仓，1座石灰石浆液池及2台顶进式搅拌器，3台石灰石供浆泵，2台石灰石旋流器，2台真空皮带脱水机，2台真空泵，2台滤布冲洗水泵，1个工艺水池及2台除雾器冲洗水泵，1套脱硫废水处理系统，1套事故浆液排放系统，采用玻璃鳞片防腐，2台顶进式搅拌器、配置1台事故返回泵。新建废水处理站，主要包括废水预沉池、浓缩澄清池、加药区域、三联箱、污泥缓冲箱、仪控室、电气室等。

FGD入口烟气参数见表2.6。

表2.6 FGD入口烟气参数

项目	单位	设计
烟气成分（标准状态，湿基，实际O_2）BMCR		
CO_2	vol%	6.9
SO_2	vol%	0.15
O_2	vol%	8.4
N_2	vol%	74.67
H_2O	vol%	9.88
烟气成分（标准状态，干基，实际O_2）BMCR		
CO_2	vol%	7.656
SO_2	vol%	0.166
O_2	vol%	9.321
N_2	vol%	82.856
脱硫吸收塔设计烟气温度	℃	200
烟气量（标准状态，湿基，实际O_2）BMCR	$N\cdot m^3/h$	150000
SO_2（标准状态，干基，6%O_2）BMCR	$mg/(N\cdot m^3)$	6500

2.2.3.2 脱硫水源

脱硫系统工艺水共有两处来源，一处为电厂化学浓水，另一处为水库水。根据《该厂环保改造工程——脱硫部分》初步设计说明可知，脱硫系统工艺水年消耗量为2×66000 t，即12 t/h。

2.2.3.3 脱硫废水处理系统

（1）脱硫废水设计水质。

根据《该厂2×9 MW机组环保改造（增加废水处理系统）技术协议》可知，原脱硫废水成分及参数见表2.7。

表2.7 脱硫废水设计水质

项目名称	单位	数据
总流量	m^3/h	2
Ca^{2+}	mg/L	<2000
SO_4^{2-}	mg/L	<5000
Cl^-	mg/L	5000 ~ 20000
Mg^{2+}	mg/L	<2000
pH值	—	5 ~ 7
含固率	%	3
悬浮物	mg/L	10000
COD_{Cr}	mg/L	<200
BOD_5	mg/L	<90
硫化物	mg/L	3 ~ 5
氟化物	mg/L	20 ~ 30
总铜，Cu	mg/L	1 ~ 3
总锌，Zn	mg/L	2 ~ 5
总汞，Hg	mg/L	0.1 ~ 0.5
总镉，Cd	mg/L	0.2 ~ 0.5
总铬，Cr	mg/L	2 ~ 3
铬，Cr^{6+}	mg/L	1 ~ 3
总砷，As	mg/L	1 ~ 3
总铅，Pb	mg/L	3 ~ 5
总镍，Ni	mg/L	2 ~ 3

（2）脱硫废水处理系统工艺。

脱硫废水中主要的超标项目是pH值、悬浮物、汞、铜等重金属离子，废水处理是将脱硫工艺产生的废水流入脱硫处理装置，经废水处理装置沉淀、絮凝、澄清、pH值调节，达到国家一级排放标准后进行再利用。该项目脱硫废水原采用“三联箱”脱硫废水处理工艺。

① 预沉处理。脱硫废水含固量约为3%，脱硫废水需先进入预沉池进行沉淀。预

沉池停留时间为12 h，采用碳钢衬鳞片箱罐。

② 废水碱化处理。碱化处理一方面可以将废水中大部分重金属离子以氢氧化物沉淀的形式去除，另一方面废水经碱化调质后可以改善后续凝聚处理的效果。

根据石灰石-石膏湿法烟气脱硫工艺，脱硫过程中排出的废水pH值基本为5.0～6.0。碱化处理过程首先是利用氢氧化钙与废液中的酸发生中和反应，中和反应完成后过量的氢氧根离子继续与废液中的重金属离子反应，生成重金属离子的氢氧化物沉淀。此时对大多数重金属离子的氢氧化物沉淀而言，pH值控制在8.5～9.0处理效果较合适，超出此范围将可能影响铝离子、锌离子的沉淀处理。

碱化处理水力停留时间为30 min，采用UPVC箱罐。

③ 重金属沉淀。通常废水中的重金属有两种不同类型：一种含有游离重金属离子，另一种则以螯合物形式存在。通常采用碱化处理方法很容易去除游离重金属离子，但螯合形态的重金属离子的溶度积往往远低于其氢氧化物形态的溶度积，通过碱化处理不能将该类重金属离子以氢氧化物沉淀的形式去除，为此需进一步投加有机硫化物来去除该类重金属离子。

脱硫废水中大部分溶解的重金属离子可通过添加熟石灰中和形成氢氧化物沉淀，但对某些重金属尤其是汞，用中和处理的方法不能达到令人满意的效果，因为脱硫废水中含有大量的溶解性氯化物，汞在该环境下可与氯离子形成一种可溶且非常稳定的汞-四氯合成物［$Hg(Cl_4)^{2-}$］，该氯合物在中和处理过程中不能通过沉淀的形式被去除。

因此，在脱硫废水的处理过程中通常采用硫化物来除去其中的重金属离子。实际处理过程中通常采用添加硫化物方式，中和后添加一定剂量的硫化物，可产生一种由金属氢氧化物和金属硫化物构成的沉淀，大大提高了重金属离子去除的程度。

水力停留时间为30 min，采用UPVC箱罐。

④ 悬浮物、金属沉淀物的絮凝、沉降。脱硫废水中悬浮物含量很高，加之前级处理后形成的沉淀物通常也以悬浮状态存在于水体中，为了增强悬浮固形物的沉降能力，消除悬浮颗粒间的静电斥力，通过向废水中加入凝聚剂（如硫酸氯化铁）和助凝剂（如高分子量的阴离子型聚丙烯酰胺），形成凝聚核心和捕吸悬浮颗粒，最后聚结、长大并自然沉降下来。

水力停留时间为30 min，采用UPVC箱罐。

⑤ 浓缩/澄清。絮凝后的废水从反应池溢流进入装有搅拌器的澄清/浓缩池中，絮凝物沉积在底部并通过重力浓缩形成污泥，上部则为净水。大部分污泥经澄清池污泥泵排到污泥缓冲箱，小部分污泥作为接触污泥返回废水絮凝箱，提供沉淀所需的晶核。上部净水通过澄清/浓缩池周边的溢流口自流到出水池。出水池设置监测净水pH值的在线监测仪表，如果pH值达到排出水箱水设计标准则通过出水泵外排，否则将

送回废水预沉池继续处理，直到合格为止。

澄清池停留时间为6 h，采用碳钢衬玻璃钢箱罐，配有斜板澄清器。

⑥ 污泥处理系统。设置独立的污泥脱水系统，脱水后，污泥外运。采用离心式脱水机进行污泥脱水。

⑦ 加药系统。脱硫废水处理加药部分包括$Ca(OH)_2$加药装置、有机硫TMT-15加药装置、混凝剂加药装置、助凝剂PAM、絮凝剂加药装置及盐酸加药装置。化学药品规格如表2.8所示。

表2.8　加药系统的药品规格及浓度

药品名称	药品规格	配制浓度
氢氧化钙	95%的固体颗粒	10%的溶液
助凝剂PAM	干粉	0.20%的溶液
絮凝剂	干粉	40%的溶液
盐酸	30%的溶液	30%的溶液

（3）脱硫废水处理系统设备清单（见表2.9）。

表2.9　脱硫废水处理系统主要工艺设备清单表

序号	工艺设备名称	规格、型号、参数、材质	单位	数量
1	废水预沉池	Φ3000 mm，H=4800 mm（直边：3500 mm），容积：24 m^3，材质：碳钢衬鳞片	座	1
2	预沉污泥输送泵	螺杆泵输送量：Q=1 m^3/h　P=0.4 MPa；双相钢材质：2205；电机功率：1.5 kW	台	2
3	中和箱	V=1 m^{3}材料：UPVC	台	1
	中和箱搅拌器	材料：UPVC，电机功率：0.55 kW	台	1
4	沉降箱	V=1 m^{3}材料：UPVC	台	1
	沉降箱搅拌器	材料：UPVC，电机功率：0.55 kW	台	1
5	絮凝箱	V=2 m^{3}材料：UPVC	台	1
	絮凝箱搅拌器	材料：UPVC，电机功率：0.55 kW	台	1
6	澄清浓缩池	容积：12 m^3，材质：碳钢衬鳞片	座	1
	澄清浓缩池斜板澄清器	Φ3000 mm，材质：双相钢2205	台	1
	澄清池污泥泵	螺杆泵：Q=1 m^3/h　P=0.6 MPa 配电机配变频，电机功率：1.5 kW	台	2

表2.9（续）

序号	工艺设备名称	规格、型号、参数、材质	单位	数量
7	出水池	V=10 m^3，2000 mm×2000 mm×2500 mm， 材质：混凝土衬鳞片	个	1
8	出水泵	潜污泵，Q=2 m^3/h，P=0.4 MPa； 过流材质：双相钢2205，电机功率：3 kW	台	2
9	有机硫成套加药装置	—	套	1
9.1	有机硫药液箱	V=1 m^3，材料：钢衬胶，含磁翻板	台	1
9.2	有机硫计量泵	机械隔膜式计量泵 Q=15 L/h　P=0.3 MPa， 泵头材质：PVC配变频器	台	2
9.3	附件	底座、管道、阀门、管件、仪表及电控箱等	套	1
10	絮凝剂成套加药装置	—	套	1
10.1	絮凝剂搅拌溶液箱	容积：1 m^{3}材料：钢衬胶，含搅拌器、磁翻板	台	1
10.2	絮凝剂计量泵	Q=5 L/h　P=0.3 MPa 泵头材质：PVC配变频器，电机功率：0.75 kW	台	2
10.3	附件	底座、管道、阀门、管件、仪表及电控箱等	套	1
11	助凝剂成套加药装置	—	套	1
11.1	助凝剂制备箱	容积：1 m^{3}材料：钢衬胶，含搅拌器、磁翻板	台	2
11.2	助凝剂计量泵	机械隔膜泵 Q=30～100 L/h　P=0.3 MPa 泵头材质：PVC配变频器，电机功率：0.75 kW	台	3
11.3	附件	底座、管道、阀门、管件、仪表及电控箱等	套	1
12	石灰乳成套加药装置	—		
12.1	石灰乳浆液池	V=10 m^3　2500 mm×2500 mm×2000 mm， 混凝土衬玻璃鳞片	个	1
12.2	石灰乳浆液池搅拌器	叶片、轴材料：钢衬胶，电机功率：1.5 kW	台	1
12.3	石灰乳加药泵	变频，机械隔膜泵 Q=0.5 m^3/h　P=0.6 MPa 过流部分材料：2205，电机功率：1.5 kW	台	2
13	盐酸加药装置	—	套	1
13.1	盐酸计量箱	V=2 m^3；DN1500×2000 材料：钢衬胶，含磁翻板	个	1
13.2	盐酸计量泵	机械隔膜泵 Q=5 L/h　P=0.3 MPa 泵头材质：PVC配变频器，电机功率：0.55 kW	台	2

表2.9（续）

序号	工艺设备名称	规格、型号、参数、材质	单位	数量
13.3	卸酸泵	氟塑料泵 Q=4 m^3/h　P=0.3 MPa配电机 过流部分材料：氟塑料合金，电机功率：1.5 kW	台	1
13.4	酸雾吸收器	Φ350　材料：PVC碱吸收	套	1
13.5	安全淋浴器	材料：不锈钢	套	1
13.6	附件	底座、管道、阀门、管件、仪表及电控箱等	套	1
14	污泥输送泵	螺杆泵：Q=2 m^3/h　P=0.6 MPa 配电机配变频，电机功率：3 kW	台	2
15	离心式脱水机	处理量：2 m^3/h	台	1
16	污水收集池	V=10 m^3，2000 mm×2000 mm×2500 mm， 材质：混凝土衬鳞片	个	1
	污水收集池搅拌器	材质碳钢衬胶，电机功率：0.75 kW	台	1
17	污水输送泵	潜污泵：Q=2 m^3/h　P=0.2 MPa，电机功率：3 kW	台	2

2.2.4 废水概况

2.2.4.1 水质

本项目废水共分为两部分，一是化学废水，主要包括反渗透浓水、超滤反洗排水等；二是湿法脱硫产生的脱硫废水。

（1）化学废水。

根据《该厂化学水处理系统设备》技术协议可知，化学制水系统废水（排水）量见表2.10。因此，化学制水系统废水量为超滤反洗排水10 t/h，反渗透浓水排水26.7 t/h。超滤主要是去除原水中的悬浮物并不能除盐，因此超滤反洗排水的含盐量基本不变，主要是悬浮物含量上升，经化验超滤反洗排水中悬浮物含量为150 mg/L。反渗透主要是去除水中的各类盐和离子，本项目反渗透浓缩倍率按照4计算，可得反渗透浓水排水中的各类盐和离子含量。超滤反洗排水和反渗透浓水排水的水质、化学废水水质按照表2.11来设计。

表2.10 化学制水系统废水量（排水）

超滤反洗排水	≤10 t/h（平均），收集至废水处理厂调节箱
反渗透浓水排水	≤26.7 t/h（连续），收集至反洗水箱统一排放

表 2.11　化学制水系统废水水质（排水）

项目	单位	数值
超滤反洗排水		
总流量	t/h	10
悬浮物	mg/L	150
反渗透浓水排水		
总流量	t/h	26.70
K^+	mg/L	39.20
Na^+	mg/L	164.03
Ca^{2+}	mg/L	111.60
Mg^{2+}	mg/L	585.20
CO_3^{2-}	mg/L	18.88
HCO_3^-	mg/L	2392.00
SO_4^{2-}	mg/L	188.00
Cl^-	mg/L	99.48
SiO_2	mg/L	180.00
CO_2	mg/L	49.32
TDS	mg/L	3779.14
pH值	—	7.68

（2）脱硫废水。

根据《该厂2×9 MW机组环保改造（增加废水处理系统）技术协议》可知，现有“三联箱”脱硫废水处理规模为2 t/h，处理后的脱硫废水系统达到国家《污水综合排放标准》（GB8978—1996）要求的一级标准。经实际化验，现有脱硫废水水质见表2.12，脱硫废水水质按照表2.12来设计。

表 2.12　现有脱硫废水水质

项目	单位	数值
总流量	t/h	2
Ca^{2+}	mg/L	897

表2.12（续）

项目	单位	数值
SO_4^{2-}	mg/L	3773
Cl^-	mg/L	2618
Mg^{2+}	mg/L	3540
pH值	—	6.92
TDS	mg/L	11384
悬浮物	mg/L	729
COD_{Cr}	mg/L	148
BOD_5	mg/L	90
氟化物	mg/L	10.93
总铜，Cu	mg/L	0.01
总锌，Zn	mg/L	0.04
总汞，Hg	mg/L	0.07
总镉，Cd	mg/L	0.05
总砷，As	mg/L	0.8
总铅，Pb	mg/L	0.1
总硬度（以$CaCO_3$计）	mg/L	143
总碱度（以$CaCO_3$计）	mg/L	58

2.2.4.2 废水水量

（1）化学制水系统废水量。

根据技术协议，原设计化学制水系统废水量为超滤反洗排水10 t/h，反渗透浓水排水26.7 t/h，根据业主运行经验认为现有化学制水系统排水与设计值吻合，因此取超滤反洗排水10 t/h，反渗透浓水排水26.7 t/h来设计化学制水系统废水回用方案。

（2）脱硫废水量。

根据业主反馈，目前脱硫系统冒泡溢流现象时有发生，有时还会发生SO_2排放浓度难以控制问题，为维持脱硫系统水平衡，并有效控制SO_2排放浓度，目前脱硫系统废水排放量控制在2 t/h，因此，此次脱硫废水的排放量按照2 t/h来设计。

2.3 化学废水回用处理技术方案

2.3.1 化学废水回用概述

2.3.1.1 化学废水回用技术要求

本工程对化学废水的处理拟达到三项要求。

① 提高水的梯级利用，减少废水产生量；

② 系统处理产生的净水达到回用水要求；

③ 反渗透浓盐水用于脱硫补水，化学废水全部回用。

2.3.1.2 化学废水的阶梯利用

（1）总体思路。

为了在最大程度上节约全厂用水量、降低末端废水产生量、提高化学制水系统回用率，现对该电厂化学制水系统用水和排水进行分析和优化，并根据各用水系统进出水水质及水量的情况提出化学废水处理回用方案。

为保证超滤反洗排水全部回用，同时减轻后续除盐系统处理压力，新建机械加速澄清池；为保证反渗透浓水量和脱硫补水量平衡，实现反渗透浓水全部回用，新建一级反渗透浓水反渗透膜处理装置。

根据技术协议可知，现有机组反渗透浓水排水26.7 t/h，脱硫耗水2×12 t/h，脱硫系统无法全部消纳反渗透浓水，浓水富余量2.7 t/h。根据电厂实际运行情况，目前脱硫耗水量为2×9 t/h，反渗透浓水排水2×11 t/h，浓水富余量2.0 t/h。因此，拟新增1套一级反渗透浓水反渗透装置，回用率为50%，将反渗透浓水排水缩减到13.35 t/h，从而保证反渗透浓水可以全部被脱硫消纳。

（2）各化学用水系统分析。

① 化学超滤产水量2×50 t/h，反洗排水量2×5 t/h；

② 化学一级反渗透产水量2×40 t/h，一级反渗透浓水排水26.7 t/h；

③ 化学二级反渗透浓水返回至一级反渗透入口。

2.3.2 化学废水处理回用技术路线

2.3.2.1 工程设想

化学废水处理系统改造见图2.2，图中加粗部分为新增的化学废水处理装置。化学废水处理工艺流程：

① 新建2座机械加速澄清池并配有1台离心式污泥脱水机，来降低原水的硬度、碱度和活性硅含量，改善原水品质。

② 将超滤产生的冲洗水排至机械加速澄清池。

③ 新增1套一级反渗透浓水反渗透装置，回收率为50%，产生的净水量为13.35 t/h，产生的浓水量为13.35 t/h。新建1座有效容积为400 m^3的脱硫工艺水箱，将一级反渗透浓水的反渗透浓水全部排至新建的脱硫工艺水箱，用于脱硫除雾器冲洗水、脱硫吸收塔补水。原脱硫工艺水箱及其供水系统保留，用于脱硫机封冷却水，新增脱硫工艺水箱与原脱硫工艺水箱设置连接管路，可相互切换。

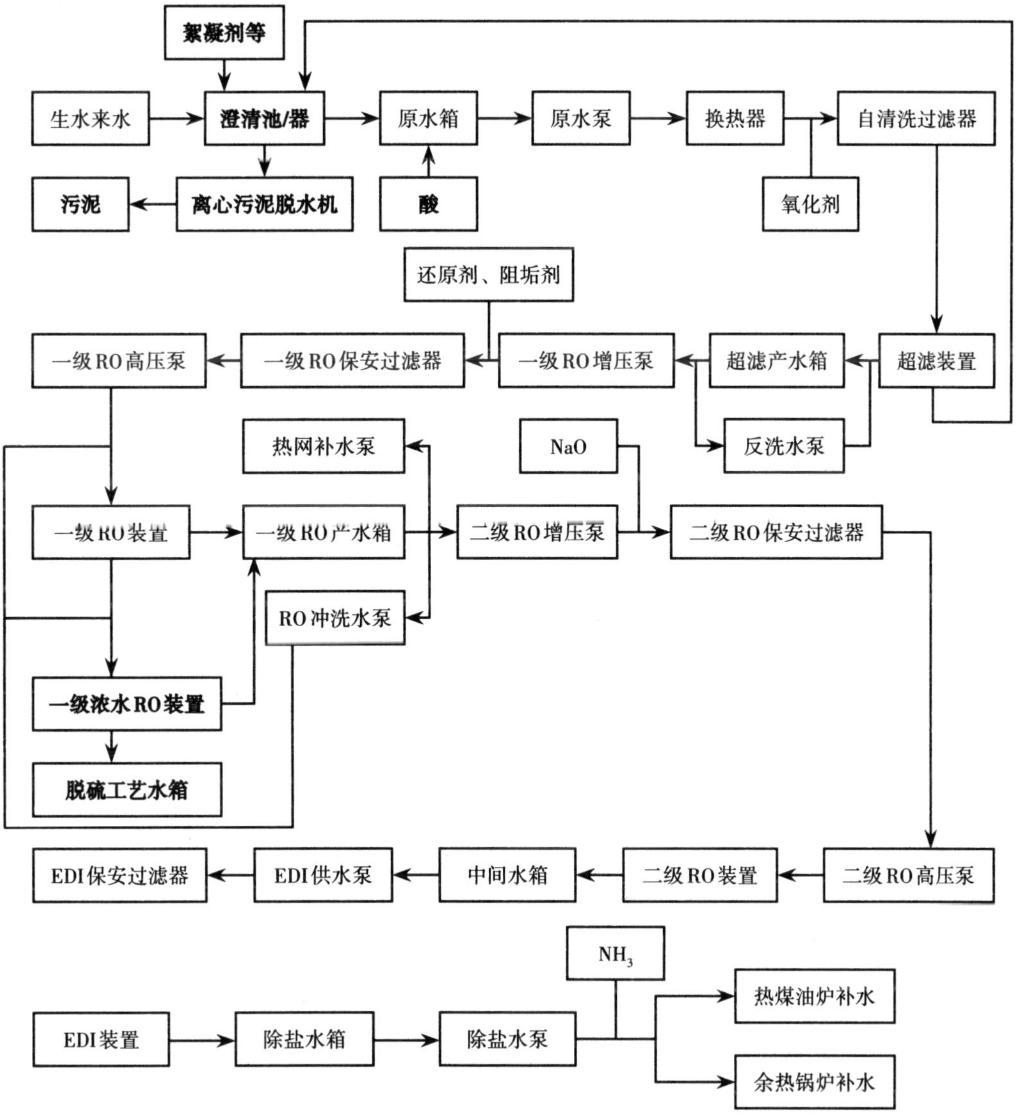

图2.2 化学废水处理系统工艺流程图

2.3.2.2 预处理工艺部分

由于电厂原水碱度较大，活SiO_2浓度较高，给提升化学制水系统整体制水回用率带来了很大困难。为了能够将超滤冲洗水全部回用，并改善新增的除盐系统（一级反渗透的浓水反渗透装置）入口水质，减少除盐系统结垢风险，需设置机械加速澄清池及其加药系统。

① 碱度高。从水质分析数据看，碳酸氢根含量为598 mg/L。因此在排污水预处理阶段需要考虑去除碱度的措施，可以通过在机械加速澄清池中加药，同步去除部分碱度和硬度，预处理产水碱度小于1 mmol/L。

② 硅含量高。本次预处理澄清池中进行加药处理，澄清池出水硬度能小于1 mmol/L，可有效控制后续膜处理的浓水侧结垢问题，可去除50%硅含量。

（1）机械加速澄清池技术要求

① 自动排泥机械加速澄清池，除池壁、池底为钢筋混凝土外，其余部分均为碳钢制。整套装置外形为竖式圆形结构，内部由四个室组成：第一反应室、第二反应室、沉淀室和泥浆室。

② 单套装置处理水量为150 m^3/h。可实现自动控制，可无人值班，能够连续运行，保证出水均匀，并可连续监控。所有进水、出水、排泥等均自动控制。设定连续或断续（具体排泥周期视调试结果而定）排泥一次，可通过PLC指令将排泥阀打开，靠净压排泥至污泥浓缩池，保证排泥顺畅，不堵塞或淤积排泥管。

③ 设计正常进水指标：SS不大于500 mg/L，COD不大于500 mg/L，BOD不大于50 mg/L。出水指标：SS不大于20 mg/L，COD不大于20 mg/L，BOD不大于10 mg/L。

④ 澄清池带一台刮泥电动机和变频调速搅拌机。刮泥机通过刮泥电动机带动轴，从而带动刮泥机，将沉淀下来的矾花送入泥浆室，而变频调速搅拌机对于第一反应室的水流运转及泥浆的再循环起到很大作用。

⑤ 通过计量泵投加絮凝剂在第一反应室中与原水充分混合，形成小颗粒的矾花；在第二反应室中，小颗粒的矾花在助凝剂的作用下形成大颗粒的矾花，最终矾花在沉淀室中沉降至澄清池的底部形成污泥。

⑥ 经过混凝澄清后的水通过集水槽排出澄清池。沉入澄清池泥浆室的污泥靠重力，定时进行排泥。

⑦ 因各澄清池的排泥是靠净压排至污泥浓缩池，设计或运行管理不当易造成排泥管的堵塞或淤积，从而影响澄清池的安全稳定运行。为防止以上事故的发生，需采取以下预防措施。

- 对运行的排泥管，定时进行反冲洗。
- 加大排泥管的排水坡度，一般按照i=0.010 ~ 0.015布置。

• 控制排泥母管内泥水v<1.0 m/s，为此，按照澄清池的布置位置和排泥接入点情况，对排泥母管的口径进行按需选用。

• 为防止各排泥管接入排泥母管处的淤积，各个支管与排泥母管的具体连接方式为从母管的顶部接入。

⑧ 当系统停运8～24 h后，澄清池重新启动，这时为了使系统不经调试，直接投入运行，应采取以下措施（可通过PLC控制）。

• 为了防止活性污泥老化，在澄清池停运期间，停止投药，但澄清池搅拌装置定时（一般每隔2～3 h，可以在调试时人工设定）投入运行约30 min，使污泥不会因为压实而失去活性。

• 待澄清池启动前30 min左右，便开始于第一反应室投药，以增加污泥活性。这样在澄清池恢复进水后，会在较短的时间内，保证出水水质。

• 澄清池重新运行时，易先开启底部防空管阀门，排出池底少量泥渣，并通过澄清池前的调节阀，控制较大的进水量和适当加大投药量，使底部泥渣松动。然后，调整到正常水量的2/3，待出水水质稳定后，再逐步降低加药量，增大进水量。

（2）机械加速澄清池工艺设计。

对于本工程来说，碱度略大于硬度，即主要考虑去除水中的暂时硬度，除硬工艺主要有石灰软化、烧碱（氢氧化钠）软化、离子交换软化（钠床或弱酸床），其中离子交换软化需要产生大量的再生水，本改造工程不考虑采用离子交换软化。

石灰软化和烧碱软化原理见表2.13。

表2.13 软化原理

序号	软化方法	主要化学反应
1	石灰软化法	$Ca(OH)_2 + Ca(HCO_3)_2 = 2CaCO_3\downarrow + 2H_2O$ $2Ca(OH)_2 + Mg(HCO_3)_2 = 2CaCO_3\downarrow + Mg(OH)_2\downarrow + 2H_2O$ $MgCO_3 + H_2O = CO_2\uparrow + Mg(OH)_2\downarrow$
2	烧碱软化法	$Ca(HCO_3)_2 + 2NaOH = CaCO_3\downarrow + Na_2CO_3 + 2H_2O$ $Mg(HCO_3)_2 + 4NaOH = Mg(OH)_2\downarrow + 2Na_2CO_3 + 2H_2O$ $MgSO_4 + 2NaOH = Mg(OH)_2\downarrow + Na_2SO_4$ $MgCl_2 + 2NaOH = Mg(OH)_2\downarrow + 2NaCl$

烧碱的价格是石灰价格的4倍，因此本工程选用石灰作为软化药剂。

当钙硬度小于碳酸盐硬度时，水中碳酸盐硬度以$Ca(HCO_3)_2$和$Mg(HCO_3)_2$形式出现。

石灰用量$\rho(CaO) = 56[c(CO_2) + c(Ca(HCO_3)_2) + 2c(Mg(HCO_3)_2) + c(Fe^{2+}) + K + \alpha]$，单位mmol/L。

软化剂氧化钙加药量为223.53 mg/L≈0.224 kg/m³，按照石灰500元/吨计算，吨水处理费用为0.112元。

絮凝剂采用聚合硫酸铁（PFS），设计投加量为15 ~ 25 mg/L，药液配制浓度10%，按照PSF 1800元/吨计算，吨水处理费用为0.045元。

助凝剂采用固体聚丙烯酰胺（PAM），设计投加量为0.1 ~ 0.2 mg/L，药液配制浓度0.1%，按照PAM 8000元/吨计算，吨水处理费用为0.0016元。

经计算，澄清池每吨出水药剂成本为0.112 + 0.045 + 0.0016 = 0.1586元。

经估算，机械加速澄清池出水品质见表2.14。

表2.14　机械加速澄清池出水品质

分析项目		P（$B^{2\pm}$）	C（$2^{-1}B^{2\pm}$）	分析项目		P（$CaCO_3$）
	BZ^+	mg/L	mmol/L			mg/L
阳离子	Na^+	41.0	1.78	硬度	全硬	1
	K^+	9.8	0.25		非碳酸盐硬度	1
	Ca^{2+}	10	0.5		碳酸盐硬度	0
	Mg^{2+}	6	0.5	碱度	甲基橙碱度	1.2
	全铁 Fe^{2+}	0.1	0.0035		酚酞碱度	0
	Al^{3+}	—	—			
	NH_4^+	0.19	0.01	pH值		7 ~ 8
	总计	67.22	3.05	项目		
阴离子	Cl^-	22.0	0.62		游离 CO_2	—
	SO_4^{2-}	47.0	0.98		全硅（SiO_2）	35.3
	二氧化硅	23	0.75		耗氧量（O_2）	—
	PO_4^{3-}	0.54	0.017		溶解固形物	695.3
	HCO_3^-	73.2	1.2		全固形物	720.6
	CO_3^{2-}	0	0		悬浮物	1
	OH^-	0	0			
	总计	165.74	3.567	污染指数（FI）		—

原水经提升泵输送到机械加速澄清池，在池内通过石灰、絮凝剂、助凝剂的作用，水中Ca^{2+}，Mg^{2+}形成永久沉淀分离出来。机械加速澄清池定期排出过量的泥渣进入泥浆池，通过泥浆输送泵送入脱水机进行脱水，制成泥饼，用汽车运往灰场。推荐采用离心式污泥脱水机，占地面积较小。

在原水箱处加酸调节，使得处理后的原水到中性。

（3）机械加速澄清池系统配置（见表2.15）。

自清洗过滤器出力为120 t/h，原水预处理系统设计正常出力应不小于120 t/h。考虑到该电厂冬季较寒冷，因此设备出力适当增加，单台澄清池设计出力为150 t/h。正常运行情况下，两台机械加速澄清池均投入运行，当一台机械加速澄清池检修时，另外一台机械加速澄清池提高出力，以满足处理水量的要求。

新建有效容积不小于200 m^3的机械加速澄清池2座，保证原水的总停留时间不小于2 h。

表2.15　机械加速澄清池技术参数

序号	项目	描述
1	机械加速澄清池	
2	结构	钢筋混凝土地上结构，三布五油防腐
3	处理能力	150 m^3/h
4	数量	2座
5	有效容积	≥315 m^3
6	总高度	5 m
7	停留时间	≥2 h
8	刮泥机	—
9	功率	0.75 kW
10	材质	碳钢防腐
11	搅拌机	—
12	功率	2.0 kW
13	材质	碳钢防腐

（4）污泥处理系统。

① 污泥缓冲箱。根据来水的悬浮物平均浓度数值、沉淀池的出水浊度及沉淀池的污泥含水率等确定污泥缓冲箱的相关技术参数，具体确定方案如下。

根据混合水悬浮物25.3 mg/L及澄清池的出水悬浮物3 mg/L计算，预处理每日产生的绝干泥量为0.08 t，沉淀池排泥含水率为98%，每天产生的泥水量为4 t，折合成小时量为0.17 t/h。设置一座10 m^3污泥缓冲箱。

为避免污泥中比重较大的固体颗粒沉积、板结，在缓冲箱的进口侧端设置潜水搅拌机1台（各含支架）。

污泥缓冲箱内设置1台超声波液位计，实现水位变化后的潜水搅拌机及污泥泵的自动启停。

② 污泥输送泵。设置2台污泥螺杆泵，将污泥调节池底部的污泥输送到离心脱水机，单泵性能参数Q=2 m^3/h。

③ 污泥离心脱水机。设置2台污泥离心脱水机，离心脱水机采用整套进口设备。单台脱水机的处理能力为2 t/h。

脱水机转鼓采用AISI317不锈钢离心浇铸，转鼓内壁有纵向不锈钢凹条以防止泥饼与转鼓内壁相对滑动而引起的内壁磨损，转鼓污泥排除口处配有可以更换的碳化钨衬套；与转鼓相配的螺旋材质为AISI317不锈钢，螺旋叶片的推泥部位，采用可更换的碳化钨磨片。

出泥含水率不超过75%，短时非正常情况下出泥含水率不超过80%。

离心脱水机布置在新建的脱水车间内。制成的泥饼用汽车运往灰场。

（5）预处理的控制系统。

① 机械加速澄清池排泥控制。机械加速澄清池排泥采用时间控制方式，同时可实现手动操作。本控制方式操作、控制简单，设备连接方便，布线简单，施工工作量少，维护管理方便。

② 加药系统控制。加药系统根据进水流量、进出水浊度等自动调整加药量。

加药系统设置就地控制柜，具有自动/手动两种控制方式，手动状态下可人工干预设置、修正加药量。自动控制程序下，只需选择在线仪表的量程及是否参与控制，控制器就能按照程序自动运行，自动确定加药量，从而提高药效，做到经济合理投加，降低了运行成本。自动加药控制根据工艺条件可实现溶液池的自动切换、加药备用管路的自动切换等功能，设备在工作过程中，一旦发生故障，将自动对相应的故障设备发出报警信号，提示操作人员及时处理，并可根据工艺设备的运行特点，与工艺设备的其他设备实现联动控制。

③ 脱水机系统控制。离心脱水机自带一套全自动控制系统，根据污泥量和污泥浓度自动调节运行参数。

（6）原水预处理系统布置。

考虑到项目所处地理位置为高寒地区，且常年风沙较大，因此在现有空压机房北面的空地上建一座600 m^2的原水处理间，2座澄清池、化学加药间、石灰间、污泥缓冲箱、污泥脱水间均布置在原水处理间内；一级反渗透浓水的反渗透装置布置在二级反渗透上方的预留空间。

（7）原水预处理系统设备清单（如表2.16所列）。

表2.16　原水预处理系统设备清单

序号	名称	规范	单位	数量
1	原水输送泵	Q=150 m^3/h	台	2
2	机械加速澄清池	Q=150 m^3/h，V=200 m^3	座	2
3	石灰筒仓	V=10 m^3	台	2
4	石灰溶解计量装置	—	套	2
5	凝聚剂加药单元	2箱3泵	套	1
6	助凝剂加药单元	2箱5泵	套	1
7	污泥缓冲箱	10 m^3	个	1
8	污泥输送泵	Q=2 m^3/h	台	2
9	离心式脱水机	Q=2 m^3/h	台	2
10	原水处理间	600 m^2	座	1

2.3.2.3　化学废水处理工艺部分

电厂化学废水共分为两部分，一部分是超滤反洗排水，另一部分是一级反渗透浓水。超滤反洗排水直接排入化学预处理系统（机械加速澄清池）。一级反渗透浓水排水量为26.7 t/h。

由于采用了预处理系统，大大降低了一级反渗透入口水中的Ca^{2+}，SiO_2和HCO_3^-等含量，降低了原水的总硬度和碱度，从而改善了一级反渗透入口水的品质。根据计算经过预处理系统后的反渗透浓水水质如表2.17所列。

表2.17　预处理系统后的反渗透浓水水质

项目	单位	数值
总流量	t/h	26.70
K^+	mg/L	39.20
Na^+	mg/L	164.03
Ca^{2+}	mg/L	40
Mg^{2+}	mg/L	24
CO_3^{2-}	mg/L	2.7
HCO_3^-	mg/L	292.8
SO_4^{2-}	mg/L	188.00

表2.17（续）

项目	单位	数值
Cl^-	mg/L	118.51
SiO_2	mg/L	92
CO_2	mg/L	3.6
TDS	mg/L	961.97
pH值	—	8

本着节能环保，经济可行的设计原则，本项目一级反渗透浓水处理拟采用反渗透（RO）工艺。

（1）反渗透（RO）工艺。

① 反渗透系统原理。反渗透（简称RO）是精密的膜法液体分离技术，它能阻挡所有溶解性盐及分子量大于100的有机物，但允许水分子透过，醋酸纤维素反渗透膜脱盐率一般可大于95%，反渗透复合膜脱盐率一般大于97%。广泛用于海水及苦咸水淡化，锅炉给水、工业纯水及电子级超纯水制备，饮用纯净水生产，废水处理及特种分离等过程。反渗透膜的运行压力：当进水为苦咸水时一般大于5 bar，当进水为海水时，一般低于84 bar。

② 反渗透系统组成。反渗透系统进水进入置于膜壳内的膜元件，大部分的水分子和极少量的其他小分子离子能通过膜层，经过中心收集管集中后，通过产水管再注入产水罐；不能通过膜元件的小部分水及离子由另一组收集管集中后通过浓水管排放。系统的进水、产水、浓水的管道上都装有一系列控制阀门、监控仪表来保证设备能长期稳定地系统化运行。浓水反渗透装置非常简单，由浓水反渗透本体装置、膜元件冲洗和化学清洗装置与原有反渗透系统共用，不需要设置高压泵、段间升压泵、反渗透产水罐等。

反渗透在运行到一定时候都会受到不同程度的污染，特别是越到后面浓缩的反渗透，越容易受到污染，需要连续不断地添加阻垢剂保证系统运行。根据污染情况配制一定浓度的化学药剂来进行清洗，以恢复膜元件的特性，药剂会对浓水水质造成影响。

（2）浓水反渗透（RO）装置。

浓水反渗透装置为单一模块，单独设置还原剂、阻垢剂、冲洗单元和化学清洗单元。

① 系统共设1套浓水反渗透装置，产水量为28 t/h，装置设计除盐率98%（三年内），回收率为50%（可以根据具体水质做相应调整），工作压力为0.6 MPa。

② 浓水反渗透装置采用一级二段式，2∶1排列，第一段5根膜壳，第二段3根膜

壳，膜壳选用6组件高压玻璃钢容器，每根膜壳内装6根膜元件，每套装置共8根膜壳，48只膜元件，单个膜组件的流量为1 m^3/h。

③ 反渗透膜元件的设计通量为24 $m^3/(m^2 \cdot s)$，通量有足够的余量，完全可以保证膜元件正常运行和合理的清洗周期。

④ 系统中设有自动冲洗系统。当系统停车后，自动打开电动排水阀对膜组件进行低压表面冲洗，将膜组件内的浓水冲走，以防止浓水在停运时在一级反渗透膜表面结垢。

⑤ 反渗透装置设有程序启停控制装置。新上一套浓水反渗透PLC控制系统，纳入原有水系统控制网络。浓水反渗透系统的启动、运行、加药、停运冲洗、停机备用等过程均可由PLC自动控制。同时，系统还设置就地仪表盘和就地操作盘，在就地盘上可读出装置的有关工艺参数，以及能在就地操作盘上操作相关的水泵和自动阀门。对系统的重要参数如压力、流量、电导、pH值、ORP等均设有在线检测仪表，并设定超限报警功能。

（3）浓水反渗透装置布置。

浓水反渗透装置布置在现有二级反渗透装置上方预留的空间。

（4）化学废水处理设备清单（见表2.18）。

表2.18 化学废水处理设备清单

序号	名称	规范	单位	数量
1	浓水反渗透装置	Q=28 m^3/h	台	1
2	电气控制	含工控机、PLC控制系统（含软件）、总进线柜、就地柜、电气控制柜、高频开关电源、动力电缆、信号电缆、桥架等	套	1
3	仪表	在线pH计、在线电导率仪、在线压力表、电磁流量计、管道流量计、温度表、液位计等	套	1
4	管阀件	含气动阀门、隔膜阀、球阀、管道、管件等，与系统配套	套	1

2.4 脱硫废水零排放处理技术方案

2.4.1 脱硫废水零排放概述

2.4.1.1 脱硫废水处理技术要求

本工程对脱硫废水的处理拟达到三项要求。

① 提高水的梯级利用，减少废水产生量；

② 系统处理产生的净水达到回用水要求；

③ 脱硫废水浓液经处理变为固形物，实现废水零排放。

2.4.1.2 脱硫废水处理系统工艺选择原则

① 分步处理。所谓分步处理，第一步是将脱硫废水处理到合格排放的要求，第二步进行蒸发结晶处理，冷凝液水质较好，可回用于化学制水，浓盐水结晶后外运，完全无废水产生。

② 脱硫废水的深度消化处理分两部分（达标处理、蒸发结晶处理），每个部分的处理工艺均可以单独运行。

③ 蒸发结晶工艺选择。各种工艺对脱硫废水水质的适应性各不相同，所以，在进行工程应用前，需要进行详细地调研、考察，并根据具体情况进行相关的试验才能最终确定可靠的处理工艺。

2.4.1.3 脱硫废水回用处理方案

经现场勘察，目前电厂建有“三联箱”脱硫废水处理设施，并配套建有污泥脱水设备，该系统运行良好。因此，本项目将保留现有“三联箱”脱硫废水处理设施，用于除去脱硫废水中的重金属和氟离子等污染物。

2.4.2 脱硫废水零排放方案比选

2.4.2.1 脱硫废水预处理

（1）脱硫废水预处理工艺选择。

由于脱硫废水中的悬浮物硬度非常高，重金属、氟离子和COD也超标，必须进行软化处理才能满足后续工段进水要求。预处理的目的主要是去除悬浮物，降低硬度，去除重金属、氟离子和COD等，在满足达标排放要求的基础上，进一步降低各项污染指标，符合膜浓缩和蒸发系统的要求，通过现有脱硫废水水质分析来看，MgCl，$MgSO_4$，$CaCl_2$含量较高，在通过蒸发结晶的过程中容易导致沸点温升过高，无法实现彻底零排放，因此需要通过软化降低Mg^{2+}和Ca^{2+}。

脱硫废水软化处理主要有以下两种方案。

方案一：氢氧化钠-碳酸钠软化-沉淀池处理工艺（见图2.3）。

首先，脱硫废水碱度较低，化学投加碳酸钠和氢氧化钠加药使Ca^{2+}，Mg^{2+}及硅产生沉降，然后用澄清池做固液分离，出水作为结晶蒸发系统进水。

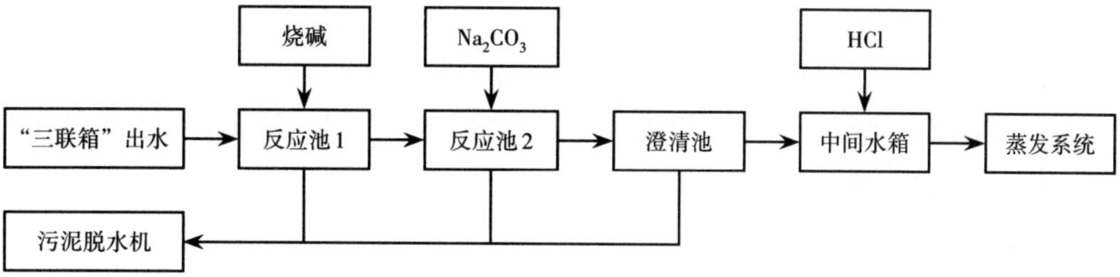

图2.3　方案一工艺流程图

方案二：氢氧化钠-碳酸钠软化-管式微滤膜（TMF）处理工艺（见图2.4）。

首先，化学加药使Ca^{2+}，Mg^{2+}及硅产生沉降，然后采用错流式管式微滤代替传统的澄清工艺，利用微孔膜对废水中的沉淀物进行分离，达到较好的出水水质，出水进入膜浓缩处理系统进一步处理。

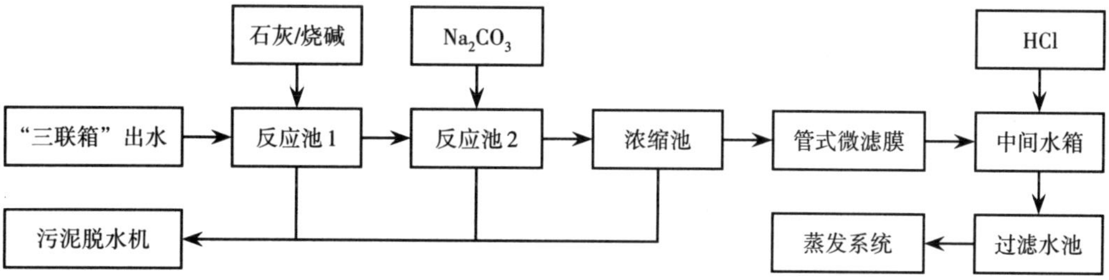

图2.4　方案二工艺流程图

（2）方案对比（见表2.19）。

表2.19　预处理方案对比

项目	方案一	方案二
除硬原理	通过投NaOH，Na_2CO_3等碱性化学药剂，形成碳酸钙、氢氧化镁等沉淀，同时可去除部分硅及胶体	通过投NaOH，Na_2CO_3等碱性化学药剂，形成碳酸钙、氢氧化镁等沉淀，同时可去除部分硅及胶体
固液分离原理	通过晶核长大后自然沉降实现固液分离，再经过滤器去除浊度	通过0.1 μm微滤膜在错流模式下进行固液分离，截留化学加药产生的悬浮固体
出水水质	水质稍差，需经超滤处理方可接膜浓缩系统	水质非常好，可直接接膜浓缩系统
对水质适应性	对水质适应性广	在悬浮物浓度较高时处理效果较好，具备较为优良的抗污染性能
操作环境	投加石灰，操作环境较差	自动化程度高，操作环境好
占地面积	有沉淀池、过滤器，占地面积较大	无沉淀池，直接过滤，占地面积较小
污泥产量	泥量较大，增加处置费用	泥量较小，处置费用低
技术成熟度	成熟	成熟

通过表2.19可以看出，方案一工艺流程短，投资运行费用低；方案二自动化程度高，出水水质更好。方案二适用于需要设有浓缩减量装置的脱硫废水处理系统，本项目无须设置浓缩减量处理工艺，因此推荐采用“氢氧化钠-碳酸钠软化-沉淀池处理工艺”作为本项目的脱硫废水预处理工艺。

（3）脱硫废水预处理主要设备清单（见表2.20）。

表2.20　脱硫废水预处理主要设备清单

序号	设备名称	规格型号	数量	单位	备注
1	废水提升泵	Q=2 m³/h，P=0.25 MPa	2	台	—
2	软化反应池1	V=8 m³	1	座	—
3	软化反应池2	V=8 m³	1	座	—
4	氢氧化钠加药系统	两箱3泵置螺杆泵变频	1	套	—
5	碳酸钠加药系统	两箱2泵	1	套	变频
6	絮凝剂加药系统	两箱2泵配置	1	套	变频
7	助凝剂加药系统	两箱2泵配置	1	套	变频
8	澄清浓缩池	V=12 m³；材质：碳钢衬鳞片	1	座	—
8.1	澄清浓缩池斜板澄清器	Φ3000 mm；材质：双相钢2205	1	台	—
8.2	澄清池污泥泵	螺杆泵：Q=1 m³/h，P=0.6 MPa； 配电机配变频，电机功率：1.5 kW	1	台	—
9	酸加药系统	两箱2泵	1	套	—
10	中间水箱	V=24 m³	1	座	—
11	出水泵	Q=2 m³/h	1	台	—
12	阀门管道	—	1	批	—
13	仪表	—	1	批	—

2.4.2.2　脱硫废水蒸发结晶工艺选择

（1）脱硫废水结晶工艺对比。

脱硫废水预处理系统中的中间水箱同时作为蒸发结晶系统来水的缓冲水箱，设计总缓冲时间为24 h（48 m³）。

经预处理后产生的废水含盐量较高，主要以氯化钠和硫酸钠为主，需要对该废水进行蒸发结晶处理，方可实现不外排。目前，国内主要有多效蒸发（MED）、机械压缩再循环（MVR）两种蒸发方式，其特点对比如表2.21所列。

表2.21　MED与MVR对比

项目	多效蒸发（MED）	机械压缩再循环蒸发（MVR）
适用范围	可蒸发浓度较高的溶液，对于黏度较大的物料也能适用，但不适合易结垢物料	可蒸发浓度较高的溶液，对于黏度较大的物料也能适用，但不适合易结垢物料
特点	热利用率高，传热系数大，蒸发速度快，物料可以浓缩到较高的浓度；消耗蒸汽	热利用率高，传热系数大，蒸发速度快，物料可以浓缩到较高的浓度；消耗电能
运行可靠性	较稳定，管束有结垢，平均半年需清洗一次	较稳定，管束结垢少，半年到一年需清洗一次
设备投资	较MVR低10%～15%	较MED高
蒸汽消耗	0.35吨/吨水（三效）	启动时少量蒸汽
电耗	每吨水15～20 kW·h	每吨水45～50 kW·h
占地面积	较大	较小
控制方式	半自动	自动
维护强度	较高	高
技术成熟度	高	高
设备国产化率	高（100%）	较高，关键设备进口
运行情况	有	有

综上所述，MED造价相对较低，但能耗较高，占地面积相对较大；MVR综合能耗低，占地面积小，自动化程度高。因此，综合电厂实际情况，本项目处理水量较小，本着节能经济的原则，本项目拟推荐采用综合能耗更占一定优势的机械压缩再循环蒸发技术。

（2）MVR蒸发结晶系统组成。

① 工艺流程。

原料箱→原料泵→预热器→MVR蒸发器→MVR结晶分离器→稠厚器→离心分离→结晶盐。

② 系统工艺说明。

第一，结晶进水箱。

系统进水首先进入结晶进水箱中，与投加的酸和阻垢剂通过箱内设置的搅拌器充分混合后，再经结晶进水泵的提升进入进水预热器中。

第二，进水预热器。

进水预热有两个作用：一是从工艺蒸馏液中回收热量，减少结晶系统蒸汽用量；

二是增加溶解态二氧化碳的局部压力，使进水脱气器能够更有效地工作。进水预热器为板框式，通过与结晶系统产生的蒸馏水进行热交换而对进水进行预热，回收蒸馏水热量，换热后的蒸馏水可全部回用或达标排放。

第三，进水脱气器。

进水脱气用于去除进水中的氧气和二氧化碳。如果二氧化碳在进入结晶系统前未充分排除，二氧化碳会积聚在换热器的管程侧，遮挡住一部分换热面积，降低换热效率，增加系统能耗。另外，进水中如果存在氧气，还可能对结晶系统中湿金属材料造成腐蚀。通过脱气器去除水中的二氧化碳和氧气，可以提高后续结晶加热室中的传热效率，降低浓盐水的腐蚀性。

脱气器采用填料式。经过预热的进水从容器的顶部喷入，通过内部的填料，到达容器底部。由于填料的阻挡分散作用，从上面流下来的水流被分散成薄膜状，换热器排出的蒸汽从脱气器底部逆流进入，与水有非常大的接触面积，加上通过预热器加热后水中非冷凝气体的溶解度降低，因此CO_2，O_2等非冷凝气体从水中解吸出来，这些非冷凝气体和排出的蒸汽从脱气器顶部排入大气中。在重力的作用下，除气后的进水从脱气器流入结晶器中。

第四，结晶系统。

结晶器/闪蒸罐、强制循环换热器。闪蒸罐的设计处理量按照2.0 t/h考虑。结晶器循环泵从闪蒸罐中抽取料液，送至强制循环换热器中进行换热，换热后再循环回闪蒸罐中。强制循环换热器作为结晶系统的加热设备，采用管壳式换热器。在强制循环蒸发器中，料液在换热管中被加热，温度升高；排出管道中有一定高度的料液可提供足够的静压力，提高换热管中的料液的沸点，料液不能在换热管中沸腾、蒸发。加热后的料液通过管道进入闪蒸罐，当闪蒸罐中循环料液上升到一定液位时，流体静压力降低，盐水闪蒸，水分形成二次蒸汽，料液的浓度提高。

稠厚器、离心脱水机。上述强制循环蒸发工段可去除料液中几乎全部残余水分。当达到设定的浓缩倍数后，部分料液通过脱水机给料泵加压至稠厚器中。经稠厚器增浓后浓液进入离心脱水机中脱水。通过排放这一部分的料液控制闪蒸罐中料液的密度。从脱水机出来的滤液及稠厚器中的上清液全部返回至结晶器中继续蒸发，脱水后形成的结晶盐外运处置。离心脱水机采用带洗涤功能的双推料离心脱水机。考虑到系统盐量较少，离心脱水机设计为间歇运行；稠厚器除增稠作用外，也是结晶盐料的中间存储箱。

蒸汽压缩机。闪蒸罐产生的二次蒸汽经过内置的除雾器后进入结晶蒸汽压缩机，压缩后的二次蒸汽温度和压力提升，进入强制循环换热器的壳程给循环料液进行加热。强制循环换热器冷侧为闪蒸罐内浓盐水通过结晶器循环泵不停地循环而获得热量，进入闪蒸罐后降压蒸发。考虑到结晶沸点温升较高，本方案采用罗茨式蒸汽压缩机驱动。

第五，药剂投加。

酸（备选）：根据进水水质情况，考虑设置一套酸投加装置，以充分降低进水中的碱度。酸投加至结晶进水箱中。

阻垢剂：从系统安全性考虑，须设计一套阻垢剂投加装置。阻垢剂投加至结晶进水箱中。

消泡剂：考虑到进水的复杂性和系统运行的稳定性，须设置一套消泡剂投加装置。消泡剂加药点设置在结晶器循环泵的进口管道上。

碱（备选）：为将结晶器中的pH值维持在7～9，须设置一套碱投加装置备用。

③ 系统设备说明。

加热器：MVR蒸发器为列管式加热，加热管规格为Φ38 mm，加热器管程采用TA2，管板材质采用TA/316L复合板，加热器的壳程材质为316L不锈材料。

进料泵：采用2205材料。

循环泵、出料泵：要求密封良好，耐温，保证在负压状态下能使高浓度物料或结晶物料连续出料，材质为S2507材料。

冷凝器：采用列管式冷凝器，换热管规格为Φ32 mm，冷凝器管程及管板材质采用S2205材料，冷凝器壳程材质为S2205不锈钢材料。

脱水机：系统配套离心脱水机，用于结晶盐的脱水。

仪表：所有压力、温度、真空用传感器检测，现场显示。

MVR蒸发结晶系统主要设备包括浓盐水储罐、MVR结晶分离室、离心机、母液罐、高位槽、MVR冷凝水罐、送料泵、MVR轴流泵、MVR出料泵、母液循环泵、MVR冷凝水泵、MVR加热器、冷凝液预热器、蒸汽预热器、尾气冷凝器等。

（3）脱硫废水蒸发结晶系统主要设备（见表2.22）。

表2.22　脱硫废水蒸发结晶系统主要设备

序号	设备名称	规格型号	材质	单位	数量
1	结晶进水箱	立式，2 m^3	PE	台	1
2	结晶进水泵	Q=5 m^3/h，H=20 m，电压：380 V，防护等级：IP54	过流材质：2205	台	1
3	进水预热器	板框式；热侧流量2 t/h，热侧进出口温度115 ℃/45 ℃；冷侧流量2 t/h，冷侧进出口温度25 ℃/95 ℃	换热板：TA2 框：碳钢防腐	台	1
4	闪蒸罐	立式，锥形底，蒸发量：2 t/h；Φ1.6 m×4 m（直边），内置除雾器	罐体：TA2 折流板：2205 丝网：TA2	台	1

表2.22（续）

序号	设备名称	规格型号	材质	单位	数量
5	结晶器循环泵	卧式，Q=250 m³/h，H=10 m，电压：380 V，防护等级：IP54	叶轮：2507	台	1
6	蒸汽压缩机	罗茨式，出力：2 t/h	叶轮：2205双相不锈钢，壳：316	套	1
7	强制循环换热器	管壳式，Φ0.6 m×7.5 m（直边）；带热井，V=500 L	列管：TA10 外壳：316L 管板：2205	台	1
8	冷凝水泵	Q=3 m³/h，H=30 m，电压：380 V，防护等级：IP54	叶轮：316	台	1
9	脱水机给料泵	Q=1 m³/h，H=20 m，电压：380 V，防护等级：IP54	叶轮：2507	台	1
10	稠厚器	V=1 m³；配搅拌器	FRP	台	1
11	离心脱水机	固体处理量：0.5 t/h	TA2	台	1
12	碱计量箱	V=200 L	PE/FRP	台	1
13	碱计量泵	0.5 L/h，500 kPa；电压：380 V，防护等级：IP54，介质40%碱	泵头：PTFE 隔膜：PTFE 密封：氟橡胶	台	2
14	滤液罐给料泵	Q=1 m³/h，H=20 m；电压：380 V，防护等级：IP54	叶轮：2507	台	1

2.5 工程建设条件

2.5.1 建设场地

根据电厂的废水深度处理综合改造工程厂区平面布置，以不妨碍电厂现有设备正常运行为基础，施工完成后，对场地的绿化、道路等进行修复，具体布置如下。

① 化学废水处理回用工程。两座新建的化学来水澄清池建在化学车间北面的空地上；污泥脱水设备建在化学制水车间与空压机房之间的空地上；一级反渗透浓水的反渗透装置建在二级反渗透上方的预留空间。

② 脱硫废水处理工程。在现有脱硫废水处理间东侧的空地上新建一座脱硫废水预

处理间，将两座反应池和澄清器建在该脱硫废水预处理间。将MVR蒸发结晶系统布置在该脱硫废水预处理间二层。

2.5.2 供水

由于供水配套设施均比较齐全，建设条件比较好，满足建设要求。

2.5.3 供电

本次工程主要供电较为集中，化学废水处理系统和脱硫废水处理系统动力电源和控制电源就近取自原380 VAC/220 VAC的低压配电系统。

2.5.4 供汽

脱硫废水综合治理启动时需要接入蒸汽，蒸汽压力为0.3 ~ 0.5 MPa，正常运行无蒸汽耗量。

2.5.5 供气

现有压缩空气系统能够满足本次废水系统达标排放综合改造要求，就近接引。

2.5.6 药剂

本项目所采用药剂均为常规药剂，易于购买。

2.5.7 副产物处置

本次工程改造为废水深度处理改造，化学制水预处理中的污泥经脱水后综合利用；脱硫废水综合治理采用蒸发系统，蒸发产生的冷凝水回用作脱硫岛工艺补水，结晶盐外运作为工业用盐处理，污泥送至脱水机进行污泥脱水，压滤液回流至脱硫废水池，泥饼用汽车运往灰场。

2.6 电气及自动控制部分

2.6.1 电气部分

2.6.1.1 化学废水部分电气改造方案

化学废水处理系统电气负荷约100 kW。新增负荷不大，就近接入化学制水系统380/220 V PC段供电。

2.6.1.2 脱硫废水部分电气改造方案

脱硫废水处理系统增加供电设备较多，脱硫废水处理系统负荷约250 kV·A。设置脱硫废水处理系统380/220 V PC段。因为负荷较大，采用新增两台容量为1000 kV·A的低压变压器为脱硫废水处理系统380/220 V PC段供电，两台低压变压器互为备用。低压变压器电源由两台机组6 kV公用段各提供一路。

2.6.1.3 电气设备的选择

6 kV开关柜选用金属铠装封闭式手车式开关柜，柜内6 kV开关设备采用真空断路器方案。

低压脱硫变压器选用SCB10干式变压器。380 V配电装置选用MNS型抽出式开关柜。

380 V电动机回路的保护电器采用塑壳断路器和接触器、马达保护器或热继电器。低压电器的组合将保证在发生短路故障时，各级保护电器有选择性的正确动作。低压系统有不少于20%的备用配电回路。

2.6.1.4 主要电气设备的布置

由于废水系统比较分散，不设置集中的配电室。所有配电柜按照系统布置于各个原有系统的配电室内。

2.6.1.5 二次接线及继电保护

各污处理系统中电气系统纳入各系统DCS控制，不设常规控制屏。

380 V进线和分段开关采用框架断路器；低压电动机采用塑壳开关、接触器和智能控保装置作为电动机的控制、保护、测量、信号设备。

各污处理系统的所有开关状态信号、电气事故信号及预告信号均送入各系统

DCS。水处理系统控制室不设常规测量表计。

2.6.1.6　照明系统和检修系统供电

室内照明根据不同场所采用不同形式的照明灯具以满足不同的工作照明需要。室外照明设防水、防尘型照明灯具满足现场工作及巡检需要。

照明系统设置交流正常照明与事故照明；事故照明采用自带蓄电池的应急灯。交流正常照明系统采用380/220 V，3相4线，中性点直接接地系统，各场所的照明电源由各处理系统区域内投标方的MCC供电。所有重要出入口设置应急照明，应急照明时间不少于45 min。

各场所的检修电源由就近或相邻的PC或MCC供电。检修电源箱电源额定电压为三相400 V；单相230 V，20 A。检修电源箱按照规程规范设置漏电保护。

在配电间、泵房、控制室、室外水站等处设置检修电源箱。

废水系统中所有电动起吊设施均采用安全滑触线供电。滑触线根据容量采用共箱式或分箱式。

2.6.1.7　防雷接地系统

防雷保护系统的布置、尺寸和结构要求应符合相关的GB，DL及IEC标准。

各区域处理系统区域内的防雷保护应根据需要设计和安装。避雷针和避雷带的引下线在距地面2000 mm及以内应有热镀锌钢管保护管。

各区域处理系统内所有电气设备外壳、金属设备及金属构筑物等均应接地，并符合相关GB，DL及IEC标准的要求。接地电阻不大于4 Ω。站区设的接地网与原主厂房接地网相接。

接地极导体采用F50热镀锌水煤气管；室外接地网采用截面为60 mm×8 mm的镀锌扁钢，室内接地采用浸锌40 mm×4 mm扁钢，接地支线采用热浸锌40 mm×4 mm扁钢。

所有接地导体的连接方式：地下部分采用焊接，焊接处应进行防护处理；裸露部分采用螺栓连接或焊接，焊接处应进行防护处理。

2.6.1.8　通信系统

处理系统内设置生产行政通信、调度通信系统，通信交换机利用电厂程控交换机。

2.6.1.9　电缆及电缆敷设

（1）电缆选型。

6 kV电缆采用铠装交联聚乙烯绝缘聚氯乙烯护套电缆。ZRC-YJV22-6/6电缆的导体应采用铜芯导体。

0.4 kV动力电缆型号为ZRC-YJV22-0.6/1 kV。

测量和控制电缆最小导体截面为2.5 mm^2。根据需要采用屏蔽电缆，至DCS的控制电缆采用屏蔽电缆。

一根仪用变压器的电缆只传输一个变压器的电压或电流值。如果同一个电压信号用于不同的需要（如：保护、测量、计量）应装设分离的小型断路器。变压器电压量用独立的电缆传输。

对于室内的CT电缆，最小截面为电流回路不小于4 mm^2，电压控制不小于2.5 mm^2，CT电缆截面根据CT容量及电缆长度选择。

（2）电缆设施。

电缆设施以桥架为主，辅以电缆沟和穿管。室内的电缆桥架下层采用托盘式电缆桥架、上层采用梯级式电缆桥架，并在相同路径电缆桥架的最上层安装电缆桥架保护盖。室外的电缆桥架采用托盘式电缆桥架，并在每层电缆桥架上安装电缆桥架保护盖。

桥架采用热镀锌。

（3）电缆防火措施。

除采用阻燃电缆外，废水系统内将有防火阻燃的可靠措施。

在墙洞、盘柜低部开孔处使用防火堵料封堵。

电缆沟进入建筑物入口处及电缆沟内分段处设置防火阻燃墙。

电缆夹层、电缆防火封堵墙两侧，地面上方2 m内刷涂防火涂料。电缆桥架在穿墙处、电缆桥架有分支处应设置防火封堵。

2.6.1.10 火灾报警系统

火灾报警和消防控制系统作为全厂火灾报警和消防控制系统的子系统，消防报警系统需满足并符合相关GB，DL及IEC标准的要求。

2.6.2 仪表控制部分

2.6.2.1 废水处理系统的监测与控制

根据工艺要求设计的完整、可靠、符合工业标准的控制系统、化学废水处理系统和脱硫废水处理系统的热工测量仪表分别由PLC和DCS完成数据采集和处理。数据采集和处理系统的基本功能包括：数据采集、数据处理、屏幕显示、参数越限报警、事件序列、事故追忆、性能与效率计算和经济分析、打印制表、屏幕拷贝、历史数据存储、程序控制、自动调节、联锁保护等，保证水处理系统在各种工况下安全稳定地运行，确保水处理效率达到要求。

控制系统对水处理系统设备的控制具有程序控制、远控手动、就地操作三种方式。

就地仪表及控制设备选用通用产品，符合国家和行业有关技术标准，不采用淘汰产品，并考虑最大限度的可用性、可靠性、可控性和可维修性。

主要监测参数：

① 设备、装置工况及工艺的运行参数。

② 设备的辅机运行状态。

③ 主要阀门的启、闭状态及阀门的开度。

④ 电气联锁条件和开关状态。

⑤ 主要电气参数等。

2.6.2.2 废水处理系统的设计依据

根据工艺要求，本工程必须对各改造系统进、出水水质，流量等各项指标进行全程自动控制，设置超值报警系统，确保电厂用水安全。

① 选择运行稳定、数据质量高、维护方便的监测仪器。

② 选择技术成熟、先进的系统，保证总体运行稳定、可靠。

③ 按照已有国家标准进行系统设计。

④ 系统可扩展性高，在线监测仪器接入软件和硬件工作能力方面利于升级、扩展。

⑤ 选择利于集成的计算机技术，保证后期与其他环保管理信息系统集成和数据共享。

⑥ 系统易于操作和使用，方便各种类型用户迅速掌握。

⑦ 整体投资性能价格比高。

2.6.2.3 废水处理系统的控制方式和控制水平

（1）控制方式。

废水处理系统控制系统的监控管理范围包括化学废水处理系统和脱硫废水处理系统，根据不同工艺系统分别采用PLC和DCS集中控制方式。

化学废水处理系统采用PLC控制方式，纳入原有化学水处理控制系统。脱硫废水处理系统采用DCS控制系统，接入原脱硫DCS系统。在每个系统设置就地电子设备间，布置DCS/PLC电源分配柜/网络柜、控制机柜/继电器柜和热控电源柜。

各水处理集中控制室，分别布置工程师站/操作员站/历史站/SIS接口机。

（2）控制水平。

采用DCS/PLC和计算机操作站组成主控制系统，对过程仪表参数、电气运行状态的监测、电气设备的运行控制及联锁由DCS/PLC完成，并将过程数据通过网络传送到操作站，实现过程数据动态显示；DCS/PLC可在与计算机系统脱机的条件下独立运行，其主要控制与监控内容如下。

① 依据工艺流程建立控制系统流程图，在计算机系统上实现对整个处理过程的数据、参数的检测与监控。

② 监控电气设备的运行状态，对电机设备运行（开或停）、故障进行监控，在操作站的系统流程图上动态显示及报警。

③ 在操作站中对设备进行手动/自动切换、开/停操作，并动态显示电机设备的运行状态，实现操作站对现场设备的直观控制操作。对现场仪表的部分模拟信号实现棒形图直观显示监控，并对重要参数建立历史曲线和实时数据曲线记录。

④ 建立完整的管理数据库，在计算机系统中保留至少一年的运行数据与报警参数信息。

⑤ 在系统中对有联锁条件的设备建立逻辑关系图，分析系统运行的状况，为设备事故的检查和安保联锁创造条件。

在本期集控室区域配置操作员站/工程师站/历史站/SIS接口机、工业以太网交换机、打印机等。

水处理系统按照自动程控运行方式设计，有被控对象及过程控制参数在水处理系统各控制室内，通过操作员站进行集中监控，主要工艺系统设备按照程序步控运行操作，也可在操作站上进行软手操作，或在就地电磁阀箱/MCC上对单个设备进行启停及开关的操作。操作站对整个工艺系统进行监控，采用全中文图形界面，全自动化动态显示、数据分析、数据存储、报表打印、高速通信等功能。完成工艺系统控制、显示、报警、报表、管理。工程师站可完成系统组态、调试及控制参数的在线修改和设置等功能。

在系统启停、正常运行或异常工况出现的过程中，自动对各参数进行检测、数据处理、定时制表、参数越限时的自动报警和打印。根据运行人员在LCD操作员站发出的命令，自动完成各局部工艺系统的顺序启停。

当系统发生异常或故障时，能通过联锁保护自动切除有关设备及系统；同时进行事故记录，并对异常参数或状态进行事故追忆。

控制、报警、监视和保护等基本功能从功能上和物理上尽可能分开，以保证在某一功能失效时，不会导致其他功能失效。保护功能必须具有独立性。

功能组控制的分级按照主要设备和辅助设备建立，以便在部分传感器、部件或设备故障时，允许运行人员选择较低一级的自动化水平而不致全部丧失过程的控制。

对于工艺系统内所有的电动阀门、风机、泵等设备，均可进行程序（远方）控制及就地/MCC控制，对于气动阀门能在电磁阀箱上进行控制。在操作员站进行远操时，控制逻辑中提供必要的闭锁手段，防止误操作。气动阀门的控制电磁阀集中布置在电磁阀柜/箱内，并尽量考虑设备的完整性。

2.7 土建部分

2.7.1 总述

根据工艺专业所提，涉及土建工程内容土建、构筑物一览表（见表2.23）。

表2.23 土建、构筑物一览表

序号	名称	规格型号	单位	数量	备注
化学废水					
1	机械加速澄清池	直径8 m×5 m，容积150 m^3	座	2	—
2	原水处理间	30 m×20 m×10 m	座	1	2层
脱硫废水					
1	设备基础	—	项	1	埋深2.0 m
2	废水车间	15 m×8.5 m×10 m	座	1	2层
3	管沟、电缆沟	—	项	1	埋深1.0 m

（1）技术要求。

土建结构设计应遵循国家最新版本的现行有关标准、规范和规定，现行的电力行业标准。

土建设计执行的主要规范如下（不限于此）：

《建筑结构荷载规范》（GB 50009—2012）

《混凝土结构设计规范》（GB 50010—2010）

《钢结构设计规范》（GB 50017—2003）

《建筑抗震设计规范》（GB 50011—2010）

《构筑物抗震设计规范》（GB 50191—2012）

《建筑地基基础设计规范》（GB 50007 2011）

《动力机器基础设计规范》（GB 50040—96）

《钢筋机械连接通用技术规程》（JGJ 107—2003）

《热轧H型钢和剖分T型钢》（GB/T 11263—2017）

《焊接H型钢》（冶金部YB3301—2005）

《黑色冶金行业标准》YB/T 4001.1—2007（钢格栅板）

《火力发电厂设计技术规程》（DL/T 5000—2000）

《火力发电厂土建结构设计技术规程》（DL 5022—2012）

《火力发电厂地基处理技术规定》（DL 5024—93）

《火力发电厂建筑设计规程》（DL/T 5094—2012）

《火力发电厂与变电所设计防火规范》（GB 50229—2006）

统一使用的制图标准、规定：

《房屋建筑制图统一标准》（GB/T 50001—2010）

《建筑结构制图标准》（GB/T 50105—2010）

《电力工程制图标准》（DL 5028—93）

（2）主要设计技术参数

厂区气象资料：

基本风压0.45 kN/m^2；

基本雪压0.45 kN/m^2；

结构安全等级：二级，设计使用年限为50年；

抗震设防烈度：厂址区域内一般场地条件下50年超越概率10%的地震动峰值加速度小于0.05 g，对应地震烈度小于6度。依据有关规定，建设500 MW及以上火电厂的主要生产建筑物按照7度进行抗震设防。其地震动峰值加速度取0.1 g，地震动反应谱特征周期为0.35 s。

场地类别：Ⅱ类。

建筑物地面、楼面、屋面设计安装，检修活载应满足工艺要求和《建筑结构荷载规范》（GB50009—2012）的要求。

（3）材料。

土建结构所需水泥、骨料、砖、钢材、型钢、焊条、螺栓、油漆等材料均应遵守国家和行业标准。

框架结构纵向受力钢筋采用普通钢筋时，钢筋抗拉强度实测值与屈服强度实测值之比不应小于1.25；钢筋的屈服强度实测值与屈服强度标准值之比不大于1.3，且钢筋在最大拉力下的总伸长率实测值不应小于9%。

钢材的屈服强度实测值与抗拉强度实测值之比不应大于0.85；钢材应有明显的屈服台阶，且伸长率不应小于20%；钢材应有良好的焊接性和合格的冲击韧性。

新建建筑均为钢筋混凝土框架结构，混凝土等级为C30。

设备基础的混凝土等级不低于C25。

所有地下沟、坑、池的混凝土等级不应低于C25，防水混凝土抗渗等级不低于P6；沟、坑、池均应做防腐处理。

设备基础二次灌浆应采用微收缩混凝土灌浆料。

所有钢结构应采用优质防腐材料。

（4）建筑物基础及地基处理。

应根据总平面位置在建筑物及设备基础处进行地质详勘，依据地质勘测资料确定基础形式。

新建循环水处理车间及脱硫废水蒸发结晶车间采用桩基，如有超挖部分可采用砂石换填至设计底标高。

鉴于本工程地下水位较高，埋置于地面4 m以下的水池采用桩基，并考虑基础底板外伸回填土作为配重以保证水池抗漂浮满足规范要求。其余地下水池采用天然地基钢筋混凝土筏板箱型基础，施工期间如地下水位高于基础底面应采取降水措施。

其他设备基础天然地基采用大块式钢筋混凝土结构。

（5）结构形式。

主厂房、加药间均采用现浇钢筋混凝土框架结构。

地下水池地下部分为防渗钢筋混凝土结构。

（6）沟道和道路。

室外电缆沟道及排水沟道均采用混凝土沟道，室外电缆沟道顶标高应高出室外地坪100 mm，以保证室外雨水无法排入电缆沟内，道路采用混凝土道路，道路宽度不低于3 m，道路设计应合理并与厂区主要道路连接，道路应设置排水坡度，并与厂区排水保持一致。

2.7.2 建筑部分

建筑设计贯彻安全、适用、经济、美观的方针。根据生产工艺流程、使用要求、自然条件、建筑材料、建筑技术等因素，结合工艺设计进行建筑物的平面布置、空间组合及建筑造型设计，并注意建筑标准与电厂主厂房等其他建筑群体相协调。造型及立面力求简洁大方。建筑风格尽量与周围建筑保持协调。建筑装修标准参照《火力发电厂建筑装修设计标准》（DL/T5029—2012）执行。

建筑设计配合工艺解决好建筑内部通道、防火、防爆、防水、防噪声、保温隔热、采光、通风和生活卫生设施等方面的问题。

（1）墙体材料。

本工程外围护墙采用300 mm厚混凝土砌块，内隔墙为200 mm厚混凝土砌块。

（2）装修设计说明。

楼（地）面：新建建筑地面采用环氧涂料。

屋面：新增建筑屋面防水等级二级，防水卷材采用4 mm厚SBS改性沥青防水卷材一道，刚性防水一道。屋面保温采用憎水珍珠岩，保温层厚度应通过计算确定。

内墙面：采用白色耐擦洗乳胶漆。

门窗：门采用不锈钢材质，壁厚不小于1.4 mm；窗为90系列铝合金窗，壁厚不小于1.2 mm。

顶棚：采用白色耐擦洗乳胶漆。

外墙面：采用优质防水涂料。

（3）平台、楼梯、栏杆。

在楼面的所有洞口、平台、楼梯平台及不伸至墙壁的楼面和平台的四周均设置带护沿的围栏，以作保护，护沿高度不低于100 mm，所有扶手、栏杆的高度均为1.2 m，吊物孔四周，应采用钢扶手，扶手直径不小于50 mm，栏杆的立杆不小于34 mm。所有钢平台、通道和扶梯要防止腐蚀和锈蚀。

所有楼层的卸货区及其他运行、维护需要开孔的区域四周都应提供活动栏杆。所有开孔处均应用防滑花纹钢板或格栅遮盖。

（4）钢结构除锈防腐。

所有室内外新增加的钢构件均应除锈防腐，主要承重构件除锈等级Sa2 1/2级，防腐采用环氧富锌底漆一度、环氧中间漆两度、聚氨酯面漆两度，总厚度室内不小于150 μm。检修钢梯、平台、栏杆等钢结构防腐可采用红丹防锈漆刷两遍，调和漆面漆两遍的做法。

2.7.3 水工、消防及通风

新建建筑水工消防应按照就近原则接入消防系统。

所有建筑物的水工消防及通风均应满足国家和电力部门有关规范和规定，消防部分必须能够通过当地消防部门的验收。

2.8 工程效益及运行成本分析

2.8.1 环境效益

含盐废水外排会影响周边水体环境。随着人们对水体污染了解的深入，国内外对水体污染的控制标准越来越严格，尽管国内现行的《污水综合排放标准》（GB 8978—1996）未对含盐量（溶解固形物、氯化物、硫酸盐）提出控制指标，但目前《生活饮用水卫生标准》（GB 5749—2006）、《生活饮用水水源水质标准》（CJ3020—93）、《地表水环境质量标准》（GB 3838—2002）、《地下水质量标准》（GB/T 14848—2017）、《城市污水再生利用工业用水水质》(GB/T 19923—2005)、《农田灌溉水质标准》(GB 5084—2021)等均对污水含盐量有明确的要求，许多省市也已出台了明确的污水含盐量（溶解固形物、氯化物、硫酸盐）排放控制标准。

电厂废水综合治理工程的实施，可解决电厂废水外排的实际难题，满足国家将来对废水的监管要求，改善本地区的水环境质量，确保电力与环境的可持续协调发展。

2.8.2　社会效益

本工程实施后，不仅会带来明显的环境效益，也会产生良好的社会效益。全厂废水综合治理的实施，改善周边水环境质量，有利于加强企业同周边群众的关系，为企业创造一个安定、团结的良好工作氛围，为企业在激烈的市场竞争中提高知名度和竞争能力奠定良好基础，增加集团的美誉度和影响力，为企业和集团的可持续发展创造良好的条件，其社会效益是十分明显的。

2.8.3　运行成本分析

2.8.3.1　化学废水处理运行成本（见表2.24）

表2.24　化学废水处理运行成本

序号	项目名称	单位成本/(元·吨$^{-1}$)	备注
1	用电/(kW·h)	0.24	—
2	石灰	0.112	—
3	PFS	0.045	—
4	PAM	0.0016	—
5	盐酸	0.02	—
6	阻垢剂	0.3	—
7	反渗透膜	0.36	每年更换20%
8	合计	1.0786	—

注：一年5000运行小时数。

2.8.3.2 脱硫废水处理运行成本（见表2.25）

表2.25 脱硫废水处理运行成本

序号	项目名称	单位成本/（元·吨$^{-1}$）	备注
1	用电/（kW·h）	1.5889	—
2	氢氧化钠	7.55	—
3	碳酸钠	17.48	—
4	PFS	0.72	—
5	PAM	0.2	—
6	盐酸	0.08	—
7	蒸汽耗量	0.3636	—
8	合计	29.0611	—

注：一年5000运行小时数。

2.9 工程投资估算

2.9.1 投资估算范围

本示范工程投资估算范围为项目的静态投资，包括：

① 设备购置费；

② 新设备的安装、调试等工程费；

③ 项目前期费、勘探设计费、建设单位管理费、联合试运转费等工程建设其他费用；

④ 预备费。

2.9.2 投资估算依据

① 本工程静态投资估算为当年当地水平。

② 费用和标准：执行国家发改委发布的《火力发电工程建设预算编制与计算规定（2013年）》。

③ 工程量：以各设计专业提供的设备材料清册及工程量清单为依据计列，不足部分参照类似工程计列。

④ 工资：执行电力工程造价与定额管理总站《关于发布2013年版电力建设工程概预算定额价格水平调整的通知》（定额〔2015〕44号）。

⑤ 安装材料价格：执行《电力建设工程装置性材料综合预算价格》（2013年版）的标准，安装工程主要材料价格参考2015年限额设计指标价格计取材料价差，价差只计取税金。主要材料价格采用定额预算价格。

⑥ 调试：调试费执行《电力建设工程概算定额（2013年版）第四册调试工程》。

⑦ 设备购置费用：工程设施设备大部分国产化，部分关键设备选择进口。设备购置费按照到厂价计，主要设备价格采取厂商询价，部分设备价格（运费）采用近期同类型工程合同价。

⑧ 价差预备费：根据《国家计委关于加强对基本建设大中型项目概算中“价差预备费”管理有关问题的通知》（〔1999〕1340号）文件规定，不计算价差预备费。

2.9.3 投资概况

水处理改造工程静态投资1720万元。

2.10 结论

2.10.1 本项目改造是必要的

随着国家《水污染防治行动计划》（水十条）、《节约能源法》、《环境保护法》和相应的用水、排水收费政策（水资源费、排水费、超标费）的颁布，对火电厂用、排水量和水质控制要求日益严格。水资源费及废水排放的收费将受到严格监管，成为制约电厂发展的重要指标。

改善现有废水处理设施运行状况，能够满足环评批复要求，实现水资源分级利用，减少废水排放，最终达到综合回用，促进地区经济的可持续发展，因此该厂废水深度处理改造项目是十分必要的。

2.10.2 本项目改造是可行的

① 该厂废水深度处理工程的实施，可实现全厂废水综合治理回用，尽企业的社会责任。同时，可满足国家将来对废水的监管要求，改善本地区的水环境质量，确保电力与环境的可持续协调发展，推进电厂未来发展，建设绿色环保型电厂；同时，也为

集团公司内下属电厂解决全厂废水排放的技术难题，提供可供借鉴的解决方案。

② 经技术经济比较，选用的生产废水处理工艺具有系统简单、管理方便、自动化程度高、经济合理等优点。

③ 本次工程设计数据充分考虑了目前设施的状况，并留有一定的富余。

④ 经研究分析，场地基本满足工程要求。

⑤ 本工程考虑采用运行维护相对简单、系统可靠性高、中水取用相对较少的方案。

⑥ 电厂实施全厂废水综合治理后，将杜绝废水外排、提高脱硫石膏品质。

⑦ 余热电站现场施工条件较好，施工场地可利用电厂现有空地，施工用水、用电和通信可从电厂现有设施引接，建设所需的砖、灰、砂、石等地方材料本地区均可供应，设备、材料运输可通过现有铁路和公路运抵现场，能够保证工程顺利实施；改造项目采用的技术方案是成熟、可靠、有实践运行的、合理的；改造工程符合国家相关环境保护的政策、标准；有着良好的社会、环境、经济效益，另根据对交通运输、供电电源、灰场、厂址场地等其他条件的初步认证，本改造项目进行废水深度处理改造是具备实施条件的，是可行的。

第3章

案例2　某2×350 MW机组脱硫废水零排放改造案例

3.1　概况

3.1.1　工程概况

某电厂共有两台350 MW燃煤发电机组。锅炉采用变压运行直流炉，单炉膛、一次再热、平衡通风，不带启动循环泵内置式启动系统，全钢构架、紧身封闭、全悬吊结构Ⅱ型布置。锅炉型号为HG-1110/25.4-HM，由哈尔滨锅炉有限公司生产。汽轮机为哈尔滨汽轮机厂有限责任公司制造，超临界、一次中间再热、单轴、双缸、双排汽、反动凝汽式汽轮机，型号为N350/273-24.2/0.4/566/566。采用带自然通风冷却塔的循环供水系统，每台机组配一座4000 m^2的自然通风冷却塔。该集团余热电站建有一套完整的化学制水系统，采用超滤+反渗透+EDI除盐的制水工艺，制备电厂所需的各类型用水。

目前，厂内污水处理装置各加药系统计量泵和加药搅拌器已严重锈蚀，板框脱水机由于长期闲置，框架构件及滤布均已老化，因此设备有改造的需求。

3.1.2　废水深度处理改造的必要性

根据国家环境保护总局《关于该厂环境影响报告书的批复》要求，使用市政污水处理厂中水作为工程主要水源。按照“清污分流、雨污分流”原则，设计、建设和完善厂区排水系统，不断提高水的利用率，各类废水经处理后应全部回用。

在脱硫废水方面，电厂原设计采用“三联箱”工艺进行处理，处理后排至含煤煤水处理系统回用。由于脱硫废水离子特别是氯离子含量很高，导致相关设备腐蚀严重，因此在煤水系统的维护改造设计中，将不再把脱硫废水作为补充水源。在脱硫废水厂内无法直接回收利用，又不得向厂外排放的情况下，必须选用合适的脱硫废水深度处理技术路线实现脱硫废水的全部回用或消耗，实现全厂脱硫废水“零排放”，满足电厂实际生产和环境保护的需要。

3.1.3 主要技术原则

本示范工程立足电厂废水处理和排放现状，结合国家和地方环境法规的要求，提出合理的、可行的、经济的处理工艺设计方案。设计原则主要包括：

① 系统布置合理，采用可靠、先进的改造方案，造价经济、合理，便于运行维护。

② 废水处理系统的调试、启动、停机和运行不影响主机的正常工作且其进度应服从主机系统的检修时间要求。

③ 能可靠和稳定地连续运行，能适应锅炉的启动、停机及负荷变动。

④ 在设计上留有足够的通道，包括施工、检修需要的吊装及运输通道。

⑤ 为了降低工程造价，充分利用原有设备。

3.2 主要设备设计参数

3.2.1 环境条件

3.2.1.1 水文气象条件

厂址所在地区气候属温带大陆性气候，主要特点是春季升温快，气温日差较大；夏季温热，雨量集中；秋季短暂而凉爽；冬季寒冷。根据近年的气象资料统计，年平均气温为6.8 ℃，极端最高气温为36.7 ℃，年平均气压为986.4 hPa，年平均相对湿度为59%，年降水量为568.4 mm，降水主要集中在6~8月份，约占全年总降水量的70.9%，年蒸发量为1175.0 mm。该地区年主导风向为西南风，其出现频率为19.0%，年静风频率为5.3%。年平均大风天数为17.4天。主要气象要素统计结果见表3.1。

表3.1 该市主要气象要素统计结果

月	平均气温/℃	极端最高气温/℃	年平均气压/hPa	降水量/mm	蒸发量/mm	相对湿度/%	平均风速/($m \cdot s^{-1}$)
1	−13.2	5.6	995.0	3.8	24.1	66	1.7
2	−8.7	11.3	992.3	4.2	46.6	57	2.0
3	−1.3	19.5	988.2	9.5	106.1	45	3.1
4	8.8	28.3	982.6	17.0	216.2	42	3.4

表3.1（续）

月	平均气温/℃	极端最高气温/℃	年平均气压/hPa	降水量/mm	蒸发量/mm	相对湿度/%	平均风速/（m·s⁻¹）
5	16.4	35.2	979.9	42.4	147.3	46	2.8
6	21.8	36.7	977.4	97.7	133.1	60	2.2
7	22.9	35.5	976.8	180.6	99.6	75	2.1
8	22.4	35.6	980.5	124.6	100.1	72	1.6
9	17.3	30.1	986.8	34.5	96.8	63	1.6
10	8.9	27.8	990.3	31.2	121.4	56	2.3
11	−1.8	20.7	992.3	14.9	58.4	60	2.3
12	−11.6	11.7	995.2	8.0	25.3	67	1.9
年平均	6.8	36.7（最高）	986.4	568.4（全年）	1175.0（全年）	59	2.3

厂址所在地区全年及各季主导风向均为西南风，其中冬季频率为26.6%，春季频率为16.3%，夏季频率为13.8%，秋季频率为19.3%，全年频率为19.0%。全年静风频率为5.3%，其中冬季静风频率最高，为8.0%，夏季静风频率最低，为3.3%。

从各季平均风速看，春季最大，冬季最小。从各月平均风速看，4月最大（3.4 m/s），8、9月最小（1.6 m/s）。从风速日变化规律上看，风速最小值一般出现在夜晚和早晨，最大值一般出现在14时前后。

3.2.1.2 工程地质

厂址区域不具备产生滑坡、崩塌、泥石流等的地质环境条件，无其他不良地质作用，场地稳定。

按照《中国地震动参数区划图》（GB 18306—2016），地震动峰值加速度为0.05 g，按照《吉林省地震动参数区划工作图》地震动峰值加速度应为0.1 g，对应地震基本烈度按6度考虑。

本次勘测深度内第四纪地层主要为坡积的粉质黏土、中粗砂，下伏基岩为泥岩。

现将厂址区域地层岩性自上而下分别叙述。

① 耕植土：黄褐色，主要由粉质粘土构成，松散。层厚0.50 m，层底高程200.80～201.60 m。

② 粉质黏土：黄褐色，可塑，无摇振反应，切面稍有光滑，干强度中等，韧性中等。该层分布较为普遍。层厚5.50～7.00 m，层底高程194.20～195.70 m。

③ 粉质黏土：黄褐色，硬塑～坚硬，含有铁锰结核。无摇振反应，切面稍有光

滑，干强度中等，韧性中等。该层分布较为普遍。层厚4.00 ~ 6.60 m，层底高程188.10 ~ 191.20 m。

④ 中粗砂：黄褐色，主要矿物成分为长石和石英，分选好，极配差，饱和，稍密。含有粉质黏土。层厚0.90 ~ 6.00 m，层底高程182.10 ~ 188.30 m。

⑤ 粉质黏土：黄褐色、灰褐色、灰黑色，可塑，无摇振反应，含有铁锰结核，切面稍有光滑，干强度中等，韧性中等。层厚2.30 ~ 5.20 m，层底高程178.30 ~ 184.90 m。

⑥ 强风化泥岩：灰褐色、灰黑色，粉砂泥质结构，块状构造。

根据收集的资料和现场勘察结果初步判定，拟选的厂址地区无矿藏及古文物分布，附近无影响厂址稳定的不良地质作用，厂址稳定。

3.2.1.3　水源水质

该厂的循环冷却塔补充水及锅炉补给水水源为当地市政污水处理厂深度处理后的中水，附近水库水作为备用水源。生活用水由自来水管网供给。水质如表3.2所列。

表3.2　水质分析资料

检验项目	单位	石头口水库水
pH值	—	7.52
碱度	mmol/L	2.2
硬度	mmol/L	2.3
Cl^-	mg/L	19
浊度	NTU	3.23
电导	μS/cm	237
余氯	mg/L	0.01

注：表中数据来自电厂提供的2017年6月20日水质报告。

3.2.2　现有脱硫废水处理工艺概况

目前，该厂两台锅炉设有一套采用传统“三联箱”工艺的脱硫废水处理系统。烟气脱硫设备产生的弱酸性废水通过管路流入“三联箱”，同时向中和箱中按照比例加入制备好的石灰浆液，在反应箱中按照比例加入重金属沉淀剂有机硫化物，向絮凝箱中按照比例加入絮凝剂硫酸氯化铁。为了让絮凝后的废水中产生的细小矾花积聚成大颗粒，以便废水进入澄清浓缩池后更快沉降，在絮凝箱出口管路上添加助凝剂聚丙烯酰胺。加药混合反应后的废水在重力作用下流入澄清浓缩池，进行固液分离。澄清浓缩池出水在pH调整箱中通过添加HCl将pH值调整至排放标准要求的范围，再自流到清水池，随后可以补充至煤水沉淀池，再经煤水处理装置处理后，回用至煤场输煤栈桥冲洗及煤场喷淋等。澄清浓缩池剩余污泥通过污泥输送泵送入板框压滤机进行脱水处理，脱水减容后污泥由汽车外运。

整个脱硫废水处理系统工艺流程见图3.1。

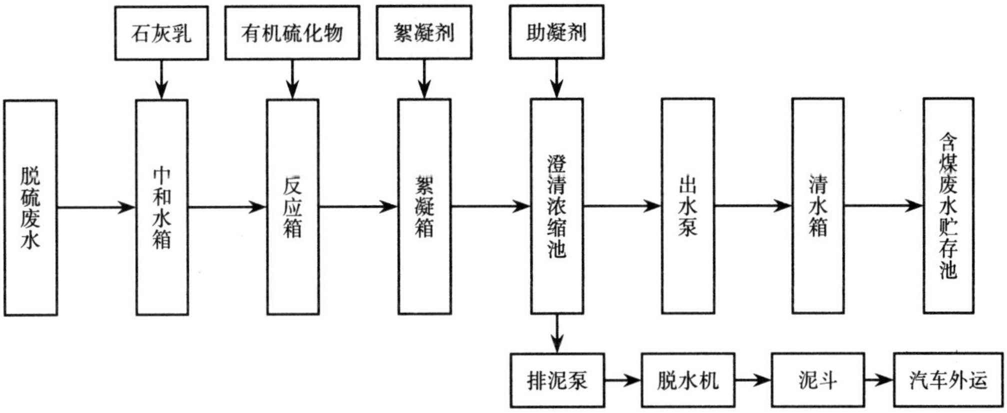

图3.1　脱硫废水处理系统工艺流程图

3.2.3　现有脱硫废水处理设备现状

该厂采用“三联箱”工艺脱硫废水处理系统，目前各罐体设备均完好，但各加药系统计量泵和加药搅拌器已锈蚀严重，不能使用。板框脱水机也由于长期闲置，框架构件及滤布已老化，也不能投入使用。因此，这套脱硫废水处理系统目前处于停运状态。只有将加药泵、搅拌器及脱水机进行检修，部分阀门管件进行更换后，整个系统方可重新正常运行。

3.2.4　废水概况

3.2.4.1　水量

该厂脱硫废水设计排水量为每台机组5.2 m^3/h。根据原有水平衡测试报告数据，脱硫废水水量为2.5 m^3/h。电厂已于2017年底先后完成了两台机组的超低排放改造，根据电厂近期运行报表数据显示，电厂脱硫废水的平均排水量实际测定值为3.0 m^3/h。

此外，全厂其他废水经过综合治理改造后，供给脱硫系统的工艺用水水质较以前差，这会导致脱硫废水的排放量有所增加。

通过计算可以对脱硫废水的排放量增加情况做出大致估计，具体过程如下。

全厂废水综合治理改造后供给脱硫工艺用水中氯离子含量变化情况。根据电厂提供数据，已知：

循环水来水氯根均值：73 mg/L；

循环水浓缩倍率：冬季约为3，夏季约为6；

循环水中氯根均值：冬季值$3 \times 73 = 219$ mg/L，夏季值438 mg/L；

一级反渗透浓水中氯根均值：冬季值$219 \times 4 = 876$ mg/L，夏季值1752 mg/L；

脱硫工艺补水的水量约为75 m^3/h。在冬季满负荷运行条件下，随着供热量增加，锅炉补给水三套系统全部开启制水，三套一级反渗透系统的浓水量为105 m^3/h，需经浓水反渗透回收一部分淡水，剩余的反渗透浓水和再生废水5 m^3/h（再生工业废水中氯根含量约为1200 mg/L），以及浓水反渗透的浓水一起去脱硫工艺水箱。此时脱硫工艺补水的氯根含量为

$$\frac{5 \times 1200 + 105 \times 876}{75} = 1306\ \text{mg/L}$$

在夏季工况下，由于无需向供热热网补水，一般只开启一套锅炉补给水系统，一套一级反渗透系统的浓水量约为30 m^3/h，这部分浓水和5 m^3/h的再生废水，以及40 m^3/h的循环水排水一起去脱硫工艺水箱，以满足脱硫工艺补水总量达到75 m^3/h。则脱硫工艺补水的氯根含量为

$$\frac{5 \times 1200 + 30 \times 1752 + 40 \times 438}{75} = 1014\ \text{mg/L}$$

而根据该厂现在脱硫工艺补水由50%的循环水来水和50%的一级反渗透浓水构成，目前脱硫工艺水中氯根浓度为

$$\frac{219 \times 50\% + 876 \times 50\%}{100\%} = 547.5\ \text{mg/L}$$

即全厂废水综合治理改造后，无论是冬季供热季还是夏季，供给脱硫系统工艺用水的水质中的氯根浓度，为现在脱硫工艺补充水中氯根浓度的1倍左右。在这种情况下，脱硫装置为了维持原有的氯根平衡，必然增加脱硫废水排放量。通过脱硫系统氯离子物料平衡来计算工艺水水质变差条件下脱硫废水排放量，如表3.3所列。

表3.3 脱硫系统氯离子物料平衡表

带入系统的途径			带出系统的途径		
项目	单位	数值	项目	单位	数值
烟气带入			石膏带出		
烟气中氯离子浓度	$mg/(N\cdot m^3)$	40	石膏中氯根浓度	mg/L	1000

表3.3（续）

带入系统的途径			带出系统的途径		
项目	单位	数值	项目	单位	数值
烟气带入			石膏带出		
两台机组烟气量	$N\cdot m^3/h$	330000	石膏产量	t/h	15
烟气中氯根量	kg/h	13.2	石膏中氯根量	kg/h	15
工艺补充水带入			脱硫废水带出		
工艺补充水中氯根浓度	mg/L	1306（1014）	脱硫废水中氯根浓度	mg/L	20000
工艺水用量	m^3/h	75	脱硫废水水量	m^3/h	4.8（3.7）

注：表中括号内数据为夏季工况数据。

综合考虑以上因素，本次脱硫废水深度处理系统水量为5 m^3/h较为合理，相应地新建脱硫废水深度处理系统的设计处理能力应定为5 m^3/h。

3.2.4.2　水质（见表3.4、表3.5）

表3.4　电厂脱硫废水水质委外分析数据

检验项目	单位	含量	检验项目	单位	含量
化学耗氧量	mg/L	961.54	Al^{3+}	mg/L	1.00
氟化物	mg/L	53.66	As	mg/L	0.03
悬浮物	mg/L	15909	Cu	mg/L	0.04
氯化物	mg/L	15565.17	Fe	mg/L	0.42
硫酸盐	mg/L	5152.00	K	mg/L	796.00
氮氧化物	mg/L	12.73	Mn	mg/L	151.05
氨	mg/L	284.72	Ni	mg/L	0.14
总硬度	mg/L	18531.51	Pb	mg/L	0.11
总钙	mg/L	2750.00	Zn	mg/L	0.94
pH值	—	6.91	Na	mg/L	5466.70
含固量	%	5%	—	—	—

表 3.5　厂内自行检测数据

检验项目	单位	含量	检验项目	单位	含量
总硬度（以碳酸钙计）	g/L	45	Ca^{2+}	mg/L	1600
氯化物	g/L	14	pH 值	—	7.9

从废水水质检测数据可知，其脱硫废水的特点如下。

① 废水接近中性，pH 值一般保持在 6 ~ 9；

② 硬度极大，盐分极高，含有大量钙离子、镁离子、氯离子、硫酸根离子；

③ 悬浮物含量非常高，每毫升含有毫克几千至几万；

④ 氟化物、COD 和部分重金属含量超标。

脱硫废水作为燃煤电厂最末端、水质最差的一类废水，难以直接回收利用，而且外排会对环境产生很大危害。

3.3　水处理技术方案

3.3.1　工艺方案基本介绍

通过主流技术参数评价和经济参数评价，结合电厂的自身实际情况，可以认为，在最终结晶产盐的几种技术路线中，“晶种法”产盐纯度最高、系统运行稳定、工艺流程较短且占地面积较小，在电厂以结晶产盐为最终技术目标且厂区周边有工业盐处理途径的前提下，可以考虑选择“晶种法”；但由于该厂周边没有相关企业可消纳该部分氯化钠产品，因此，本次脱硫废水深度处理技术路线推荐考虑“旁路烟道烟气蒸发法”。在“旁路烟道烟气蒸发法”中，“旁路烟道烟气蒸发浓缩+热二次风干燥”方案流程较长，占地面积较大，相应投资建设费用较高；而“前处理+旁路烟道烟气蒸发”方案可以根据该厂脱硫废水水量较小的实际情况优化流程设计，无需膜处理设备，只通过预处理加药就可保证废水原水满足蒸发器进水水质要求，整个系统流程简化，占地面积缩小，投资建设费用和运行成本同步降低，优势更加明显。

综上所述，该厂本次脱硫废水深度处理项目推荐选择“前处理+旁路烟道烟气蒸发”工艺。整个脱硫废水深度处理系统采用单元布置，每台机组设计一套独立的高效节能废水蒸发结晶系统，两台机组共用一套脱硫废水预处理系统及公共压缩空气系统。每台机组的废水蒸发结晶系统设计处理量为 2.5 t/h，废水预处理系统设计处理量为 5 t/h。

脱硫废水中悬浮物、钙镁离子和盐分含量都很高，为减少废水对雾化喷嘴造成的污堵、结垢和腐蚀问题，需要对废水进行预处理，以满足蒸发结晶器的进水水质要求。考虑到该厂原有的脱硫废水处理车间有足够空余空间且其中的旧有“三联箱”工艺设备状况良好，建议对原有脱硫废水处理系统进行利旧使用，仅更换已无法工作的加药泵、搅拌器、板块脱水机框架与滤布等，以减少投资费用。

预处理合格的废水浓液由浓水输送系统送至蒸发系统，在高压空气携带下雾化喷入蒸发结晶器。蒸发结晶器从空预器前端与SCR出口之间的烟道引入少量烟气，利用烟气的高温使雾化后的脱硫废水迅速蒸发。废水蒸发产生的水蒸气和结晶盐随烟气一起进入空预器与低温省煤器之间的烟道，结晶盐随粉煤灰一起在除尘器内被捕捉去除，水蒸气则进入脱硫系统冷凝成水，间接补充脱硫系统用水。

3.3.2 工艺方案技术特点

① 高效节能废水蒸发结晶器，从空预器前端引入少量气体，实现脱硫废水的完全蒸发结晶。即使电厂处在低烟温、低负荷的运行状态下，或是烟道采用低温省煤器工艺的情况下，整个系统也能实现经济稳定的废水零排放处理。

② 蒸发结晶器虽然与主烟道连接，但属于一个独立的运行机制，可单独隔离与拆卸的设计方便了后续的运行维护，也避免了对电厂原有设备的不利影响（包括低温省煤器及烟道）。

③ 废水在高效节能废水蒸发结晶内高效雾化，采用最佳雾化装置及配套设施，严格控制废水雾化粒径在50 μm级别；精确计算，优化喷枪布置位置及方式，确保雾化后废水与烟气的最佳混合效果。

④ 根据蒸发水量精确计算抽取烟气量，严格控制蒸发时间和蒸发距离，合理设计高效节能废水蒸发结晶器内部结构；蒸发结晶器进出口设置烟气调节阀及烟气流量监测装置，可根据实际蒸发水量调节引入烟气量，确保废水最优蒸发条件；有效克服了传统烟道蒸发技术蒸发温度低，且烟道可利用的有效蒸发长度不足，蒸发不彻底的缺点。

⑤ 充分考虑可利用烟温的问题，从空气预热器前端引入烟气，且烟气流量流速可控，增大了蒸发能效；实时监测蒸发结晶器进出口烟温，严格控制蒸发结晶器出口烟温不低于烟气酸露点，保护后面的布袋式除尘器免受烟气酸雾伤害。

⑥ 废水完全蒸发后产生的结晶盐随粉煤灰一起在除尘器被捕捉去除，无须额外增设除尘装置及结晶盐收集装置，避免了结晶盐二次处理的难题。同时，蒸发产生的水蒸气进入脱硫系统，在脱硫系统喷淋冷却作用下凝结成水，间接补充脱硫系统用水。

⑦ 高效节能废水蒸发结晶器易于在现有设备上进行改造，且改造费用不高；系统占用空间小，投资和运行费用低，系统可靠。

⑧ 该系统不需要额外的能量输入，所需能量来自空预器前抽取的少量热烟气，对锅炉的热效率影响微小，是一种低耗高效的脱硫废水零排放装置。

⑨ 蒸发结晶器内部结构简单，并可根据蒸发水量的需求进行设计，避免了挂灰、结垢的风险。

3.3.3 工艺方案关键技术参数分析

（1）加药预处理。

为确保进入旁路烟气蒸发结晶器的废水水质满足要求，须根据脱硫废水原水水质进行加药控制。使用原有的“三联箱”加药设备，投加石灰石和碳酸钠软化水质，使钙离子浓度降至1500 mg/L以下；投加絮凝剂、助凝剂使悬浮物含量降至100 mg/L以下；投加盐酸，调节出水箱出水pH值为6～9；经过初步计算脱硫废水预处理药剂费用约9.37元/米^3。

（2）蒸发废水须抽取烟气量。

废水蒸发结晶器设计抽取烟气位置为空预器前的高温烟气部分，烟气温度在不同工况下有明显差异。考虑到该厂两台机组长期低负荷运行，选择在最不利的50%THA工况条件下计算抽取烟气量。在50%THA工况下，空预器进口烟气温度大约为348 ℃，根据烟气焓值及其对应的温降，计算出抽取烟气量为15531 N·m^3/h，占标准状态下空预器入口烟气总量的1.167%。

（3）锅炉效率下降率。

从空预器前抽取部分高温烟气用于脱硫废水蒸发干燥，消耗了部分本用于加热一次风和二次风的热量，相应会造成锅炉热效率的降低。在50%THA负荷下，通过计算得到锅炉效率下降值在0.013%左右，可以认为对锅炉效率影响很小，可忽略不计。

（4）排烟温度下降。

在50%THA工况下，计算得到抽取烟气蒸发废水会引起空预器出口温度大约下降1.26 ℃，但仍维持在113 ℃以上，同时导致烟气湿度增加0.088%，又根据除尘器前烟气成分含量和50%THA工况条件，得到相应条件下除尘器前烟气酸露点约107 ℃。由此可见，除尘器前进口烟气温度保持在酸露点之上10%甚至更高，足以保证烟道后段布袋式除尘器的安全运行。

（5）粉煤灰含盐增加量。

废水完全蒸发后产生结晶盐随粉煤灰一起在除尘器被捕捉去除，无需额外增设除尘装置及结晶盐收集装置，同时也避免了结晶盐二次处理的难题。

根据该厂提供数据可知，2018年12月累计用煤量为282010 t，其中收到基灰分14.1%，则12月燃煤产灰量为39678.81 t，粉煤灰量按照85%考虑，产粉煤灰量为

33726.99 t。又根据该厂2018年12月废水产量为2064 t，氯根含量为14356 mg/L，则12月氯根产量为29.63 t。所以，氯根占粉煤灰比例为0.0879%。根据《通用硅酸盐水泥》（GB 175—2007）标准要求，粉煤灰混入水泥熟料比例不大于30%。因此，按照30%的粉煤灰与水泥熟料掺混比计算，氯离子在硅酸盐水泥中的最大占比为0.0264%，小于0.06%的标准要求。

3.3.4 主要工艺设备清册

整个工艺系统由废水原水预处理、浓水输送、压缩空气、高效蒸发等分系统组成，其中原水预处理分系统充分利用电厂原有的“三联箱”工艺设备，只是对其中的腐蚀、损坏的搅拌器、计量泵、板框脱水机滤布等设备进行替换，并新建一个废水调节水箱。在满足蒸发系统进水水质要求的前提下尽可能降低整个工程初期投资费用。各分系统主要工艺设备清册如表3.6所列。

表3.6 “前处理+旁路烟道烟气蒸发”主要工艺设备清册

序号	设备名称	规格参数	单位	数量	备注
预处理系统					
1	调节水箱	有效容积：60 m^3，材质：碳钢防腐	个	1	
2	搅拌器	功率：2.2 kW，转速：69 r/min，搅拌桨：XJ1000，主材：1.4529	个	3	
3	渣浆泵（计量泵）	Q=5 m^3/h，P=0.3 MPa，渣浆泵N=4 kW	个	2	一用一备
4	滤布	丙纶特制滤布430 g左右，0.72 mm左右	套	1	
浓水输送系统					
1	浓水箱	有效容积：60 m^3，材质：碳钢防腐	个	1	
2	浓水输送泵	流量：7 m^3/h，扬程：100 m，电机功率：7.5 kW	台	2	一备一用
3	手动蝶阀	介质：高盐废水，含氯量≤40 g/L 温度：30 ℃，规格：DN65，PN1600 kPa 材质：阀座衬PTFE，阀板2205，接口：对夹式	个	3	
4	手动隔膜蝶阀	介质：高盐废水，含氯量≤40 g/L 温度：30 ℃，规格：DN32，PN1600 kPa 材质：衬胶，接口：法兰接口	个	3	
5	止回阀	介质：高盐废水，含氯量≤40 g/L 温度：30 ℃，规格：DN40，PN1600 kPa 材质：阀座衬PTFE，阀板2205，接口：法兰接口	个	2	

表3.6（续）

序号	设备名称	规格参数	单位	数量	备注
6	手动蝶阀	介质：高盐废水，含氯量≤40 g/L 温度：30 ℃，规格：*DN*40，*PN*1600 kPa 材质：阀座衬PTFE，阀板2205，接口：对夹式	个	5	
7	Y型过滤器	介质：高盐废水，含氯量≤40 g/L 温度：30 ℃，规格：*DN*80，*PN*1000 kPa 材质：衬PTFE，接口：法兰接口	个	1	
		压缩空气系统			
1	变频空压机	额定排气压力：750 kPa，容积流量：28 m^3/min 冷却方式：水冷，噪声：≤80 dB 电机功率：180 kW，出口尺寸：*DN*80	台	2	一备一用
2	冷干机	处理量：30 Nm^3/min，工作压力：750 kPa 出口尺寸：*DN*80，电机功率：9 kW	台	2	
3	压缩空气罐	容积：6 m^3，材质：Q235	台	1	
4	精密过滤器	处理量：25 m^3/min，P级（油气滤除到0.1×10^{-6}）2台 S级（油气滤除到0.01×10^{-6}）2台	台	4	
5	气动蝶阀	介质：压缩空气，温度：40 ℃，规格：*DN*80，*PN*1600 kPa 材质：阀体铸钢，阀板304，接口：对接接口	个	2	
6	楔式闸阀	介质：压缩空气，温度：80 ℃，规格：*DN*80，*PN*1600 kPa 材质：阀板304材质，接口：法兰接口	个	2	
7	手动蝶阀	介质：压缩空气，温度：60 ℃，规格：*DN*80，*PN*1600 kPa 材质：阀体铸钢，阀板304，接口：对接接口	个	4	
		蒸发系统			
1	高效节能废水蒸发器	水量：3 m^3/h，材质：2205+Q235	台	2	
2	双流体雾化喷枪	型号：KAMX1000，流量：≤1000 L/h， 水压力：200～500 kPa， 气压力：200～500 kPa，喷嘴材质：C22	支	6	
3	蒸发器入口隔离门	电动插板式隔绝门，尺寸：*DN*1350	台	2	
4	蒸发器入口调节门	电动挡板式调节门，尺寸：*DN*1350	台	2	
5	蒸发器出口隔离门	电动挡板式隔绝门，尺寸：*DN*1200	台	2	
6	蒸发器烟道膨胀节	金属膨胀节，尺寸：*DN*1350 设计温度：400 ℃，设计压力：0.05 MPa	台	4	

表3.6（续）

序号	设备名称	规格参数	单位	数量	备注
7	蒸发器烟道膨胀节	金属膨胀节，尺寸：*DN*1200 设计温度：300 ℃，设计压力：0.05 MPa	台	4	
8	一次风手动插板阀	设计温度：400 ℃，设计压力：0.6 MPa，*DN*300	台	2	
9	一次风电动插板阀	设计温度：400 ℃，设计压力：0.6 MPa，*DN*300	台	2	
10	一次风膨胀节	设计温度：400 ℃，设计压力：0.6 MPa，*DN*300	个	4	
11	电动截止阀	介质：高盐废水，含氯量≤40 g/L，温度：30 ℃ 规格：*DN*25，*PN*1600 kPa， 材质：阀座衬PTFE，阀杆2205， 配电动执行机构：一体化，380 V/50 Hz	台	2	
12	电动调节阀	介质：高盐废水，含氯量≤40 g/L，温度：30 ℃ 规格：*DN*25，*PN*1600 kPa， 材质：阀座衬PTFE，阀杆2205， 配电动执行机构：一体化，380 V/50 Hz，4～20 mA输出	台	2	
13	电动球阀	介质：压缩空气，温度：30 ℃，规格：*DN*150，*PN*1600 kPa 材质：阀座衬PTFE，阀板2205，接口：对夹式 配电动执行机构：一体化，80 V/50 Hz	台	2	
14	衬胶截止阀	介质：高盐废水，含氯量≤40 g/L，温度：30 ℃ 规格：*DN*25，*PN*1600 kPa，材质：阀座EPDM，阀杆2205 接口：法兰接口	个	6	
15	手动球阀	介质：压缩空气，温度：80 ℃，规格：*DN*150，*PN*1600 kPa 材质：碳钢，接口：法兰接口	个	6	
16	手动球阀	介质：压缩空气，温度：80 ℃，规格：*DN*25，*PN*1600 kPa 材质：碳钢，接口：法兰接口	个	6	
17	减压阀	介质：压缩空气，温度：30 ℃，规格：*DN*150，*PN*1600 kPa 范围：300～700 kPa，材质：碳钢，接口：法兰接口	个	2	
18	仪表阀	介质：高盐废水，含氯量≤40 g/L，温度：30 ℃ 规格：*DN*25，*PN*1600 kPa，材质：阀体碳钢衬胶 接口：法兰接口	批	1	
其他					
1	软接头	*DN*40，材质：304衬4F，*L*=200，法兰连接，温度≤70 ℃	个	4	
2	金属软管	衬EPDM，*DN*25，法兰连接，*L*=2 m	个	6	
3	金属软管	*DN*25，法兰连接，*L*=2 m	个	6	

表3.6（续）

序号	设备名称	规格参数	单位	数量	备注
		工艺材料			
1	结晶器平台扶梯	型钢、钢材	t	30	
2	结晶器支架		t	80	
3	紧身封闭		t	40	
4	管道		批	1	
5	管道支架	Q235材质	t	2	
		防腐保温			
1	富锌底漆		t	1.6	
2	环氧云铁中间漆		t	1.6	
3	脂肪族聚氨酯面漆		t	2.0	
4	蒸发器保温	硅酸铝200 mm厚	m^2	525	
5	管道保温	岩棉50 mm厚	m^2	637	

3.4 工程建设条件

3.4.1 建设场地

根据电厂的废水深度处理综合改造工程厂区平面布置，以不妨碍电厂现有设备正常运行为基础，施工完成后，对场地的绿化、道路等进行修复。

3.4.2 供水

由于供水配套设施均比较齐全，建设条件比较好，满足建设要求。

3.4.3 供电

本次工程主要供电较为集中，化学废水处理系统和脱硫废水处理系统动力电源和控制电源就近取自原380 VAC/220 VAC的低压配电系统。

3.4.4 供气

现有压缩空气系统能够满足本次废水系统达标排放综合改造要求，就近接引。

3.4.5 药剂

本项目所采用药剂均为常规药剂，易于购买。

3.5 电气及自动控制部分

3.5.1 电气部分

3.5.1.1 概述

由于该厂现有脱硫废水处理车间配电系统已无多余容量，本次脱硫废水深度处理工程需要增加一套供配电系统，拟在原脱硫废水处理车间配电室内新上一套6 kV/380 V变压器，并以380/220 V供电系统向整个系统供电。

主厂房提供两路独立的6 kV电源送至脱硫废水处理车间配电室变压器高压侧，再经变压器降压后以380/220 V 50 Hz三相四线制为供电系统供电。平时两路电源带各自负荷运行，当其中一路有故障或检修时，通过联络柜切换开关，另外一路带整个系统负荷运行。主要用电设备电负荷情况如表3.7所列。

表3.7 改造"前处理+旁路烟道烟气蒸发"主要用电设备电负荷统计

设备名称	功率/kW	装机数量/台	装机功率/kW	运行数量/台	运行功率/kW	备注
搅拌器	2.2	3	6.6	3	6.6	—
渣浆泵	4	2	8	1	4	一用一备
废水输送泵	7.5	2	15	1	7.5	一用一备
空压机	180	2	360	1	180	一用一备
冷干机	9	2	18	1	9	一用一备
合计	—	11	407.6	7	207.1	—

3.5.1.2 电气设备的选择

低压变压器选用SCB 10干式变压器，变压器容量选择1000 kV·A。380 V配电装置选用MNS型抽出式开关柜。

380 V电动机回路的保护电器采用塑壳断路器和接触器、马达保护器或热继电器。低压电器的组合将保证在发生短路故障时，各级保护电器有选择性的正确动作。低压系统有不少于20%的备用配电回路。

3.5.1.3 主要电气设备的布置

电气设备的布置应满足有关设计规程规范的要求，考虑足够的操作、检修空间，节省电缆，减少电缆交叉，并避开潮湿、多灰尘和有爆炸危险等区域。电气设备间、配电室考虑防火要求，孔洞采取防火材料封堵和防止小动物进入。二次屏柜、配电装置留有1～2个备用盘的位置。配电室需具备满足布置上述设备的空间需求，最少设两个出入通道。当配电室位于楼层时，至少有一个出口通向该层走廊或室外的安全出口。

就地设备和管架的布置应便于操作、维护和检修，要求整齐和美观，并以不影响周围其他设备、设施和通道的运行、维护和检修为原则。

由于整个系统负荷比较集中，设置集中的配电室，所有配电柜布置于其中。

3.5.1.4 二次接线及继电保护

整个系统的电气部分纳入脱硫废水处理DCS控制系统，不设常规控制屏。

380 V进线和分段开关采用框架断路器；低压电动机采用塑壳开关、接触器、热继电器或智能控保装置作为电动机的控制、保护、测量、信号设备。

整个系统的所有开关状态信号、电气事故信号及预告信号均送入DCS系统。

3.5.1.5 照明系统和检修系统供电

室内照明根据不同场所采用不同形式的照明灯具以满足不同的工作照明需要。室外照明设防水、防尘型照明灯具满足现场工作及巡检需要。

照明系统设置交流正常照明与事故照明；事故照明采用自带蓄电池的应急灯。交流正常照明采用380/220 V三相四线制，中性点直接接地系统。各场所的照明电源由各处理系统区域内MCC供电。所有重要出入口设置应急照明。

各场所的检修电源由就近或相邻的PC或MCC供电。检修电源箱电源额定电压为三相400 V；单相230 V，20 A。检修电源箱按照规程规范设置漏电保护。

在配电间、预处理车间、蒸发结晶器就地等处设置检修电源箱。

整个系统所有电动起吊设施均采用安全滑触线供电。滑触线根据容量采用共箱式或分箱式。

3.5.1.6 防雷接地系统

防雷保护系统的布置、尺寸和结构要求应符合相关的GB，DL及IEC标准。

脱硫废水深度处理系统区域内的防雷保护应根据需要设计和安装。避雷针和避雷带的引下线在距地面2000 mm及以内应有热镀锌钢管保护管。

脱硫废水深度处理系统内所有电气设备外壳、金属设备及金属构筑物等均应接地，并符合相关GB，DL及IEC标准的要求。接地电阻不大于4 Ω。站区设的接地网与原主厂房接地网相接。

接地极导体采用Φ50 mm热镀锌水煤气管；室外接地网采用截面为60 mm×8 mm的镀锌扁钢，室内接地采用浸锌40 mm×4 mm扁钢，接地支线采用热浸锌40 mm×4 mm扁钢。

所有接地导体连接方式：地下部分采用焊接，焊接处应做防护处理；裸露部分采用螺栓连接或焊接，焊接处应进行防护处理。

3.5.1.7 通信系统

脱硫废水深度处理系统内设置生产行政通信、调度通信系统，通信交换机利用电厂程控交换机。

3.5.1.8 电缆及电缆敷设

（1）电缆选型。

6 kV动力电缆选用铠装阻燃铜芯交联聚乙烯电缆ZC-YJV22-6/6 kV。

0.4 kV动力电缆选用铠装阻燃铜芯聚氯乙烯电缆ZC-YJV22-0.6/1 kV。

测量和控制电缆型号为ZC-KVVP2-0.45/0.75 kV，并且最小导体截面为1.5 mm^2，选用中国名牌产品或国家免检产品。至DCS的控制电缆采用屏蔽电缆。

一根仪用变压器的电缆只传输一个变压器的电压或电流值。如果同一个电压信号用于不同的需要（如：保护、测量、计量）应装设分离的小型断路器。变压器电压量用独立的电缆传输。室内的CT电缆最小截面为2.5 mm^2，CT电缆截面应根据CT容量及电缆长度选择。通往其他建筑的仪用互感器电缆最小截面为4 mm^2，并且必须有公共屏蔽线。6 kV电缆和0.4 kV动力电缆没有中间接头，控制电缆避免中间接头。6 kV电缆和0.4 kV动力电缆全部采用终端接头。

（2）电缆设施。

电缆设施以桥架为主，辅以电缆沟和穿管。室内的电缆桥架下层采用托盘式电缆桥架、上层采用梯级式电缆桥架，并在相同路径电缆桥架的最上层安装电缆桥架保护盖。室外的电缆桥架采用托盘式电缆桥架，并在每层电缆桥架上安装电缆桥架保护盖。桥架采用热镀锌。

（3）电缆防火措施。

除采用阻燃电缆外，整个系统应有防火阻燃的可靠措施。

在墙洞、盘柜低部开孔处使用防火堵料封堵。

电缆沟进入建筑物入口处及电缆沟内分段处设置防火阻燃墙。

电缆夹层、电缆防火封堵墙两侧，地面上方2 m内刷涂防火涂料。电缆桥架在穿墙处、电缆桥架有分支处应设置防火封堵。

3.5.1.9　火灾报警系统

火灾报警和消防控制系统作为全厂火灾报警和消防控制系统的子系统，需满足并符合相关GB，DL及IEC标准的要求。

3.5.2　仪表控制部分

3.5.2.1　概述

该厂脱硫废水深度处理系统采用DCS系统集中控制方式，在全厂灰硫集中控制室内设置远程控制站，运行人员通过DCS完成对两台机组脱硫废水深度系统的实时监视和控制。

数据采集和处理系统的基本功能应包括：数据采集、数据处理、屏幕显示、参数越限报警、事件序列、事故追忆、性能与效率计算和经济分析、打印制表、屏幕拷贝、历史数据存储、程序控制、自动调节、联锁保护等，保证脱硫废水深度处理系统在各种工况下安全稳定地运行。

控制系统对脱硫废水处理系统设备的控制应具有程序控制、远控手动、就地操作三种控制方式。就地仪表及控制设备选用通用产品，符合国家和行业有关技术标准，不采用淘汰产品，并考虑最大限度的可用性、可靠性、可控性和可维修性。

3.5.2.2　控制系统的配置及自动化水平

（1）控制水平。

为保证水处理效果和水处理设备安全经济地运行，将设置完整的热工测量、自动调节、控制、保护及热工信号报警装置。其自动化水平将使运行人员无需现场人员的配合，在控制室内的操作员站即可完成对主要工艺设备及附属系统的启动、停止和正常运行工况的监视、控制和调整，以及异常与事故工况的报警、联锁和保护。

DCS控制系统包括操作员站和工程师站、历史站及相关操作平台、组态软件及其他外围设备等。控制系统功能主要包括数据采集系统（DAS）、模拟量控制系统（MCS）、程序控制系统（SCS）等。以LCD、键盘和鼠标作为监视和控制中心，实现对整个化水扩容系统的集中控制。

每个操作员站都可显示整个系统的各种画面，并互为冗余。

（2）控制室布置。

整个脱硫废水处理系统采用集中控制方式。每台LCD应有独立的显示发生器，并可互相备用。还应提供安放操作员站、工程师站的工作台、桌椅等。

（3）控制方式和硬件配置。

采用LCD操作站作为操作员的人机接口站，通过LCD画面和键盘、鼠标对整个工艺系统进行监视和控制。

LCD屏幕能显示工艺流程及测量参数、控制对象状态，也能显示成组参数。当参数越限报警或控制对象故障或状态变化时，以不同颜色显示，并能声光报警。

脱硫废水处理控制室设置2个LCD操作员站，操作员站冗余配置。在工程师站LCD上可以修改DCS控制系统的组态。

控制单元采用双机热备份、冗余电源模块，控制系统采用双通道冗余以太网通信网络结构。

（4）控制要求。

脱硫废水处理系统通过DCS控制系统实现全自动控制。泵、风机和电动阀门的逻辑控制操作由控制系统实现。

（5）设备规范。

LCD操作员站。运行人员可在LCD操作站监视操作，操作站具有数据采集和处理、LCD画面显示、参数越限报警、系统故障自诊断及报警、制表打印等功能。

LCD画面能显示工艺流程及测量参数、控制方式、顺序运行状态、控制对象状态，并能对参数进行成组显示、趋势显示和棒图显示，当参数超限报警。控制对象故障或状态变化时，能以不同颜色显示。在手动控制方式上，LCD能提供操作指导和显示下一步执行程序。LCD工程师站具有完整的系统组态、数据库管理、程控逻辑编程和系统调试功能，不再设编程器。LCD屏幕上显示任一画面（包括实时参数）的响应时间不大于2 s，调用任一画面击键次数不超过3次。LCD画面设有足够的幅数，以保证工艺系统和控制对象的完整性及监视整个系统的运行和控制状况。所有画面均带有菜单指示及中文显示（宋体字），并能拷贝打印。操作键盘的功能随画面的不同而改变，阀门和电机的运行状态以不同的颜色来区分。报警画面推出，并以闪光表示其位置，同时有音响提示，并能随时打印出其性质、时间、地点等。LCD操作站配备一个键盘。还能在操作界面上提供画面快捷切换方式。

3.5.2.3　热控设备清册（见表3.8）

表3.8　热控设备清册

序号	仪表名称	仪表规范	单位	数量	备注
1	高效蒸发系统				
1.1	压力				
1.1.1	隔膜压力变送器	智能一体化，二线制，4～20 mA，带HART协议及就地液晶表头；精度：±0.075%，IP65接线盒；电缆接口：M20×1.5；过程接口：法兰 *DN*25；量程：0～1.6 MPa；温度：30 ℃；介质：高浓度含盐废水；隔膜片材质：哈氏C-276	台	2	蒸发器浓水母管
1.1.2	隔膜压力变送器	智能一体化，二线制，4～20 mA，带HART协议及就地液晶表头；精度：±0.075%，IP65接线盒；电缆接口：M20×1.5；过程接口：M20×1.5；量程：0～1.6 MPa；温度：30 ℃；介质：压缩空气；隔膜片材质：316L	台	2	蒸发器压缩空气母管
1.1.3	隔膜压力表	不锈钢，隔膜耐振型压力表，隔膜哈氏C合金；精度：±1.6%；表盘直径150 mm；过程接口法兰 *DN*25；量程：0～1.6 MPa；介质：高盐废水；温度：30 ℃	台	2	蒸发器浓水母管
1.1.4	全不锈钢弹簧管压力表	不锈钢；精度：±1.6%；表盘直径150 mm，M20×1.5；量程0～1.6 MPa；介质：压缩空气；温度：25 ℃	台	2	蒸发器压缩空气母管
1.2	温度				
1.2.1	铠装热电阻	*PT*100，*L*=1000；精度：A级；全长防磨处理，*DN*50法兰安装	支	6	
1.3	流量计				
1.3.1	电磁流量计	二线制，4～20 mA，带就地指示；精度：±1%；防护等级：IP65；过程接口：*DN*25；量程：0～3 m^3/h；温度：30 ℃；介质：高浓度含盐废水；探头材质：哈氏C-276	台	2	
1.3.2	涡街流量计	二线制，4～20 mA，带就地指示；精度：±1%；防护等级：IP65；量程：0～1200 N·m^3/h；温度：30 ℃	台	2	
1.3.3	LZB防腐型转子流量计	LZB-25F，*DN*25，100～1000 L/h；工作温度30 ℃；接口：法兰连接；介质：高盐废水；安装方式：立式安装	台	6	

表3.8（续）

序号	仪表名称	仪表规范	单位	数量	备注
2	浓水输送系统				
2.1	压力				
2.1.1	隔膜压力变送器	隔膜，智能一体化，二线制，4～20 mA，带HART协议及就地液晶表头；精度：±0.075%；IP65接线盒；电缆接口：M20×1.5；过程接口：法兰*DN*32；量程：0～1.6 MPa；温度：30 ℃；介质：高浓度含盐废水；隔膜片材质：哈氏C-276	台	1	浓水泵出口母管
2.1.2	隔膜压力表	不锈钢，隔膜耐振型压力表，隔膜哈氏C合金；精度：±1.6%；表盘直径150 mm；过程接口：法兰*DN*50；量程：0～1.6 MPa；介质：高盐废水；温度：30 ℃	台	2	浓水泵出口母管
2.2	流量计				
2.2.1	电磁流量计	二线制，4～20 mA，带就地指示；精度：±1%，防护等级：IP65；过程接口：*DN*40；量程：0～10 m^3/h；温度：30 ℃；介质：高浓度含盐废水；探头材质：哈氏C-276	台	1	浓水泵出口母管
2.3	液/料位				
2.3.1	液位变送器	二线制，4～20 mA，带就地指示；法兰连接：*DN*100	台	1	浓水箱
3	其他				
3.1	安装材料				
3.1.1	仪表管	1Cr18Ni9Ti，*Φ*14 mm×2 mm	米	100	
3.1.2	仪表阀	*DN*6针形阀，*P*≤6.4 MPa，阀体材质不锈钢，阀杆密封填料为石墨填料；接口形式：外螺纹，带管接头及100 mm短管；接口尺寸*Φ*14 mm×2 mm	个	10	
3.2	防火材料	柔性有机堵料+无机速固封堵堵料	批	1	
3.3	工业电视系统	包括摄像头、保护罩、支架、硬盘录像机、显示器、机柜、通信电缆等			
3.3.1	高清网络摄像机		支	1	
3.3.2	NVR数字录像机	包括硬盘录像机、显示器、机柜、通信电缆等	台	1	

3.6 土建部分

3.6.1 建筑部分

该厂脱硫废水深度处理系统采用“前处理+旁路烟道烟气蒸发”工艺。脱硫废水原水预处理设备、浓水输送设备和压缩空气设备为公用部分，布置在原脱硫废水处理车间内，两台机组的高效蒸发结晶系统露天布置在各自的锅炉主烟道空预器段附近。整个工程没有新增厂房。原脱硫废水处理车间内，新增的浓水输送设备、压缩空气设备及相应的配电柜、控制柜等应与原有设备设施合理布置，满足适用、安全、经济、美观的原则，做好保温、防水、防火设计。

3.6.2 结构部分

该厂脱硫废水深度处理系统主要建（构）筑物有蒸发结晶器支架、烟道支架、废水管架、压缩空气管架等。

① 蒸发结晶器支架：蒸发结晶器支架采用钢结构，采用桩基。设备基础采用桩基或地基处理。

② 烟道支架：新建烟道支架采用钢结构或混凝土结构，采用桩基。利旧改造部分烟道支架采用钢结构。

③ 箱罐基础：箱罐基础采用混凝土大块基础，采用桩基或地基处理。

④ 管架：充分利用电厂现有的管架，再根据走向，局部新增部分管架，将管道从预处理区延伸至蒸发结晶区。新增管架采用钢结构，基础采用地基处理。

3.7 工程效益及运行成本分析

3.7.1 环境效益

本项目采取新型环保工艺技术处理全厂的脱硫废水，属于国家发改委《产业结构调整指导目录（2019年版本）》第一类鼓励类，第26项环境保护与资源节约综合利用，第18款“三废”综合利用及治理工程产业条目。

3.7.1.1　废水排放控制

该厂脱硫废水排放量总计约为5 m^3/h，年排放量约2.75万m^3（按照5500 h计算）。全厂脱硫废水深度处理排放工程实施后，不再有脱硫废水外排。脱硫废水以水汽形式进入烟气脱硫塔，间接补充脱硫工艺水，实现废水的全部回收利用，提高全厂废水复用率。因此，本次脱硫废水深度处理项目的建设可有效减轻该厂的环保压力，提高水的回用率，对改善周边水生态环境有重要作用，环境效益显著。

3.7.1.2　噪声

设计上选用低噪声设备，并要求制造厂家采取消音措施，将噪声控制在允许范围内。对于仅需定时巡回检查的各类噪声，每个工作日，工人接触高噪声的时间很短，可以对设备采取减震措施以减少噪声。对产生噪声较大的设备可设置消声器，对于其他运行中产生噪声可能超过国家现行标准的设备，均采取其他有效措施，将噪声降低至60 dB（A）以下，满足《工业企业设计卫生标准》（GBZ1—2010）的规定。上述各项措施实施后，噪声基本可以达标。传到厂界的噪声，由于沿途其他建筑物的屏蔽效应，以及噪声随距离增大而自然衰减等因素，噪声可降至60 dB（A）以下，对厂外不会产生有害影响，能够满足国家规定的《工业企业设计卫生标准》（GBZ1—2010）的要求。

3.7.2　社会效益

燃煤电厂的脱硫废水中通常存在悬浮物、重金属、盐等含量超标的问题，直接排入周边环境会造成严重的污染，危害周边居民身体健康。本次全厂脱硫废水深度处理项目实施后，脱硫废水得以有效处理和全部回用，避免了对周边环境和居民健康的伤害，社会效益显著。

3.7.3　运行成本分析

（1）药剂费。

经过计算，脱硫废水预处理加药费用为9.37元/吨，每小时药剂消耗费用为46.85元，系统运行一年消耗药剂的成本为25.77万元。

（2）电费和热能消耗。

经过计算，经常运行的电机总功率为207 kW，厂用电价按照0.4元/（千瓦·时）计，则电费为45.54万元/年。

经过计算，产生的热效率损耗折算为成本费用为12.37万元/年（吨水热耗成本为4.5元）。

（3）修理和折旧费。

按照固定资产的1%计，检修维护费为14.89万元/年。固定资产折旧年限按照10年考虑，残值按照5%计，折旧费为141.46万元。

（4）项目运行成本。

该厂脱硫废水深度处理工程投产后，每年的药剂费、电费、修理费及工资福利费合计为98.57万元。

3.8 工程投资估算

3.8.1 投资估算范围

本示范工程投资估算范围为项目的静态投资，包括：

① 设备购置费；

② 新设备的安装、调试等工程费；

③ 项目前期费、勘探设计费、建设单位管理费、联合试运转费等工程建设其他费用；

④ 预备费。

3.8.2 投资估算依据

① 本工程静态投资估算为当年当地水平。

② 费用和标准：执行国家发改委发布的《火力发电工程建设预算编制与计算规定（2013年）》。

③ 工程量：以各设计专业提供的设备材料清册及工程量清单为依据计列，不足部分参照类似工程计列。

④ 工资：执行电力工程造价与定额管理总站《关于发布2013年版电力建设工程概预算定额价格水平调整的通知》（定额〔2015〕44号）。

⑤ 安装材料价格：执行《电力建设工程装置性材料综合预算价格》（2013年版）的标准，安装工程主要材料价格参考2015年限额设计指标价格计取材料价差，价差只计取税金。

主要材料价格采用定额预算价格。

⑥ 调试：调试费执行《电力建设工程概算定额第四册调试工程》(2013年版)。

⑦ 设备购置费用：工程设施设备大部分国产化，部分关键设备选择进口。设备购置费按照到厂价计，主要设备价格采取厂商询价，部分设备价格（运费）采用近期同类型工程合同价。

⑧ 价差预备费：根据《国家计委关于加强对基本建设大中型项目概算中“价差预备费”管理有关问题的通知》(〔1999〕1340号）文件规定不计算价差预备费。

3.8.3 投资概况

① 该厂脱硫废水深度处理工程总投资1489.11万元，其中设备购置费812.82万元，安装工程费506.44万元，建筑工程费80万元，其他费用89.85万元。编制期价差、基本预备费和价差预备费暂未考虑。

② 工程建设期为12个月。

③ 正常运行期为20年。

④ 固定资产折旧年限按照10年考虑，残值按5%计。

⑤ 年运行时间按照5500 h算。

3.9 结论与建议

3.9.1 结论

本项目通过资料收集、现场踏勘、案例类比、路线论证、方案设计、投资和运行费用估算等方式，对该厂脱硫废水深度处理工程进行了可行性研究，对相关废水深度处理系统的技术经济性进行了充分论证，得出以下结论。

该厂脱硫废水深度处理方案，在技术上是可行的，在经济上是合理的。推荐的工艺流程具有水质适应性好、运行稳定、性能可靠等优点，可以有效处理脱硫废水，避免外排，具有显著的经济效益和环境社会效益。

该项目实施后，相比现在运行状态，可减少废水排放量5 m^3/h，每年可减少废水排放量2.75万m^3（年运行时间按照5500 h计），环保效益、社会效益非常明显。

3.9.2 建议

① 加强水质监测和水量计量仪表、设备安装位置及参数表等仪表的检定、校准及

维护保养工作，确保相关仪器仪表正常工作。

② 加强脱硫废水处理系统相关设备的维护保养工作，及时检修，确保系统的正常运行。

③ 本工程为新建工程，在新建过程中可以对原有设备尽量利旧，以节约建设费用。

④ 在施工过程中，必须对原有管沟、电缆走向摸排清楚，避免造成安全事故。

⑤ 脱硫废水作为燃煤电厂的最末端废水，其水质和水量受多重因素影响，特别是会受到脱硫工艺水补水水质的影响。因此，需要在全厂水资源的统筹规划和梯级利用基本实现、脱硫废水水量水质基本稳定的前提下，再实施脱硫废水的深度处理项目。

第4章

案例3　某2×600 MW机组循环水、生活污水、脱硫废水处理改造案例

4.1　概况

4.1.1　工程概况

某厂一期工程已建2台60万千瓦国产超临界机组，机组于2010年投产，2台机组锅炉均为北京巴布科克·威尔科克斯有限公司生产的超临界W火焰变压直流炉，设计年运行小时5500，年需水总量1489×10^4 m^3（约0.752 m^3/s），其中循环水最大补充水量约为1375×10^4 m^3/a（6.0×10^4 m^3/d），锅炉、化学和生活用水最大补充水量约为114×10^4 m^3/a（0.058×10^4 m^3/s）。

4.1.2　废水深度处理改造的必要性

根据中华人民共和国生态环境部《关于该厂工程环境影响报告书》的批复，要求本工程做到增容减排、节约资源，采用“郑州市污水处理厂处理后的中水作为本工程水源，黄河水为备用水源。不断提高水的利用率，最大限度减少新鲜水消耗量。按照清污分流、雨污分流的原则设计、完善和建设厂区排水系统。根据水质的不同进行分类处理，脱硫废水经单独处理后回用于干灰调湿水等，不得外排。其他工业废水及生活污水经处理达标后尽量回用，确须外排的废、污水经处理符合《污水综合排放标准》（GB 8978—1996）二级排放标准后排入城市污水处理厂。

该厂循环冷却水以郑州马头岗污水处理厂来中水和市政污水厂处理的中水作为主要水源，经石灰-混凝、澄清、加酸调pH值、过滤处理后，主要作为循环水系统补水及锅炉补给水系统水源。全厂共有3套预处理系统，包括2座出力为1200 m^3/h的机械加速澄清池、1座出力为1000 m^3/h的机械加速澄清池和10台300 m^3/h重力式变孔隙砂滤池；正常运行方式为一运两备或两运一备。为保证发电运行的安全，采用石佛泵站的黄河水作为备用水源。

全厂水系统有水源取水系统、循环冷却水（含开式水）冷却系统、生活水及生活污水处理系统、闭式冷却水系统、消防水系统、锅炉补给水处理系统、工业废水处理系统、含煤废水系统、含油废水系统、脱硫工艺水及脱硫废水处理系统、热力循环系统、发电机定子冷却水系统。全厂的排水有冷却塔蒸发浓缩后外排水、处理后的工业废水及厂区生活污水；含煤废水处理系统，雨污分离不彻底产生的污水排放。

电厂现有的废水处理设施已不能完全满足废水处理回用或不外排的环评批复要求，特别是循环水排污水，原环评要求排入污水处理厂，但环评对该水的水质及适应性分析有一定的偏差，导致实际运行后城市污水处理厂无法接收，仅能通过排污口排至厂区外索须河内，对外界生态环境产生一定的影响，急需在厂内解决这些隐患，对废水进行减排和深度处理。目前，该问题已被所在地省份列入督办件，急需进行减排和深度处理，满足环评批复要求，并予以解决，否则将面临按照排水量计算的巨额环保罚款。同期电厂建设有脱硫废水处理系统，脱硫废水含盐量高，处理后排水用于煤场除尘，但脱硫废水产生量大于煤场除尘用水量。全厂水系统需进行整体规划改造，正常运行不外排废水，事故或设备故障必要时通过污水管道输送至污水处理厂。

因此，为满足国家和地方环保法规要求，提高水资源的利用水平，该厂决定强化管理、统筹规划，对#1、#2机组进行全厂水资源利用及污染防治的综合整治改造，创建指标先进、环保优良的绿色电厂。

4.2 主要设备设计参数

4.2.1 环境条件

4.2.1.1 水文气象条件

（1）水文条件。

附近河流的防洪标准百年一遇，加之河水南岸为丘陵地貌，对该岸设施不构成洪水威胁。电厂位于河水南岸，附近市区北部区域，地形多为黄土丘陵，地面起伏较大，变化明显，是以侵蚀堆积地貌为主的黄土台塬地。由于厂址区域远离河水，地势相对较高，排水畅通，故不受北部洪水的威胁。

附近的水库位于电厂东侧约400 m处，厂址处地面平坦开阔，略起伏，向北微倾，地势相对较高，排水通畅，地面高程130.0 ~ 131.0 m（黄海高程）。水库百年一遇洪水位为129.15 m，设计水位低于厂址地面标高，故厂址不受水库百年一遇洪水的影响。

（2）气象条件（见表4.1）。

附近城市气象站位于城东郊外，地面高程为139.8 m。厂址位于市区北部区域，相距4.0 km左右，区间地形平坦开阔，无高大自然地形阻隔，自然气候条件基本一致，属同一气候区。采用该站气象观测值作为电厂的气象条件，具有较好的代表性。

表4.1 气象数据

序号	项目	单位	特征值	资料年限
1	多年平均气温	℃	14.2	1957—2003
2	多年平均气压	hPa	1000.2	1957—2003
3	多年平均风速	m/s	2.8	1957—2003
4	多年平均相对湿度	%	66	1957—2003
5	历年最小相对湿度	%	1	1957—1995
6	多年平均降水量	mm	624.2	1957—2003
7	最大一日降水量	mm	142.5	1954—1995
8	历年极端最高气温	℃	42.9	1957—1995
9	历年极端最低气温	℃	−16.9	1957—1995
10	历年定时最大风速	m/s	18.0	1957—1979
11	历年最大积雪深度	cm	20	1957—1995
12	历年最大冻土厚度（郑州）	cm	27	1954—1980

4.2.1.2 工程地质

根据电厂提供的《岩土工程勘测报告》厂址地层主要特征描述如下。

层①黄土状粉土：灰黄、褐黄色，含锰质及小钙质结核，上部为耕植土，部分地段因场地平整等原因少量填土。中密，稍湿，具中压缩性。层底埋深1.40 ~ 4.50 m，层底高程125.45 ~ 130.55 m。

层②黄土状粉质黏土：褐黄色，含少量钙质结核，见有锈黄斑。中密，湿，具中压缩性。仅分布于场地西北部。层底埋深3.10 ~ 7.50 m，厚度0.70 ~ 4.90 m，层底高程123.09 ~ 126.69 m。

层③黄土状粉土：灰褐、黄褐色，含少量钙、锰质结核，混黄土状粉质黏土团块。密实，稍湿，具低压缩性。层底埋深5.80 ~ 10.50 m，厚度0.90 ~ 8.50 m，层底高程120.89 ~ 124.63 m。

层④黄土状粉土：灰黄、褐黄色，含少量钙、锰质结核，见蜗壳等。该层内夹多层可塑状态黄土状粉质黏土薄层。中密至密实，稍湿，具中（偏低）压缩性。层底埋深8.00 ~ 15.00 m，厚度2.00 ~ 5.30 m，层底高程115.59 ~ 122.15 m。

层⑤黄土状粉土：褐黄色，含钙质结核、少量氧化铁及锰质结核，局部钙质结核富集，含量可达20% ~ 30%。在3号孔，该层内约夹1.00 m厚粉砂，在T9号孔附近层内夹可塑至硬塑状态粉质黏土。密实，稍湿，具低压缩性。层底埋深14.50 ~ 19.00 m，厚度1.70 ~ 8.50 m，层底高程111.63 ~ 115.70 m。

层⑥黄土（粉土）：褐黄、灰黄色，含钙质结核，部分地段富集；见云母及白色网纹。部分孔见该层中夹少量砂。中密，湿，具中（偏低）压缩性。层底埋深16.00 ~ 21.10 m，厚度0.80 ~ 6.20 m，层底高程107.73 ~ 114.20 m。

层⑦粉土与粉质黏互层：褐黄、灰黄色，含少量钙质结核，见云母及白色网纹。其中粉土密实，湿；粉质黏土呈可塑状态，具中压缩性。层底埋深20.00 ~ 25.50 m，厚度1.10 ~ 9.50 m，层底高程104.77 ~ 110.17 m。34号孔层顶有约1.20 m厚粉砂层。

层⑧粉土：褐黄、棕黄色，含铁锰质结核及钙质结核。密实，湿，具中压缩性。层底埋深24.00 ~ 27.90 m，厚度0.70 ~ 4.70 m，层底高程101.81 ~ 106.90 m。

层⑨粉质黏土：褐黄、棕黄色，含铁锰质结核及少量钙质结核，见蜗壳碎片。可塑，具中压缩性。层底埋深26.20 ~ 31.50 m，厚度0.90 ~ 6.80 m，层底高程97.62 ~ 105.17 m。

层⑩黏土：红褐、黄褐色，含铁锰质结核及大量钙质结核。硬塑，具中压缩性。该层南部缺失，层底埋深27.80 ~ 36.30 m，厚度1.20 ~ 5.10 m，层底高程93.15 ~ 103.85 m。

层⑪粉质黏土：棕黄、黄褐色，含少量钙、锰质结核。可塑至软塑，具中压缩性。层底埋深32.20 ~ 46.10 m，厚度2.10 ~ 20.10 m，层底高程85.47 ~ 98.89 m。

层⑫黏土：红褐、黄褐色，含大量钙质结核，局部成层分布。硬塑，具中（偏低）压缩性。该层埋深有从北向南增大的趋势。最大揭露厚度27.00 m。

层⑫1黏土：红褐色，含少量钙质结核及铁、锰质结核。可塑，具中压缩性。层底埋深41.00 ~ 53.00 m，厚度1.40 ~ 5.00 m，层底高程78.00 ~ 90.00 m。

层⑫2细砂：杂色，含卵石。密实，湿，具低压缩性。

根据2005年3月由当地地震局地震工程勘察研究院出版的《工程场地地震安全性评价工作报告》，工程场地50年超越概率10%危险水平的地面水平运动峰值加速度为123.2 gal（相当于0.126 *g*），根据《建筑抗震设计规范》（GB 50011—2001）、《中国地震动参数区划图》（GB 18306—2001），设计时工程场地50年超越概率10%危险水平的地面水平运动峰值加速度应采用0.10 *g*，相应的地震基本烈度为7度。地震动反应谱特征周期为0.40 s。

4.2.2 锅炉状况（见表4.2）

该厂2×600 MW锅炉为超临界压力，一次中间再热，单炉膛、平衡通风、固态排渣、露天布置、全钢架结构、W型火焰燃烧、垂直内螺纹水冷壁、π型变压直流锅炉。

表4.2 锅炉设计和运行参数

锅炉型号	B&WB-1950/25.4-M型
制造厂家	北京巴布科克·威尔科克斯有限公司
生产编号	1000-170，1000-171
锅炉燃烧方式	W型火焰燃烧
最大连续蒸发量	1950 t/h
额定主蒸汽温度	571 ℃
额定主蒸汽压力	25.4 MPa
再热器进口蒸汽温度（额定工况）	326 ℃
再热器进口蒸汽压力（额定工况）	4.922 MPa
再热器出口蒸汽温度（额定工况）	569 ℃
再热器出口蒸汽压力（额定工况）	4.725 MPa
锅炉给水温度（额定工况）	291.3 ℃

本工程凝汽器参数如下。

型式：双背压、双壳体、单流程、表面式

面积：36000 m^2

冷却水管管材：不锈钢316L

冷却水管规格：Φ25 mm×0.5 mm

冷却水管有效长度：11549 mm

冷却水管数量：37100根

进出水管管径：*DN*2200，二进二出

设计凝汽量：1062 t/h

清洁系数：0.85

冷却水压力损失：≤0.056 MPa

4.2.3 冷却塔状况（见表4.3）

该厂循环水系统采用带双曲线自然通风冷却塔的扩大单元制循环供水系统。每台机组配两台立式斜流泵、一座8500 m^2 自然通风冷却塔，一条 Φ3020 mm×14 mm压力进水管，一条 Φ3020 mm×14 mm压力回水管，每台机组在冷却塔前建一座露天布置循环水泵站，冷却塔至循环水泵房段采用钢筋混凝土回水沟。在循环水排水管上设有通往冷却塔贮水池的旁路管。其工艺流程：循环水泵→循环水压力进水管→凝汽器及辅机冷却器→循环水压力回水管→自然通风冷却塔→循环水回水沟→平板滤网→循环水吸水前池→循环水泵。

表4.3　冷却塔主要参数

项目	单位	规范
顶高	m	149.70
冷却面积	m^2	8500
进风口标高	m	10.14
喉部直径	m	62.715
出口直径	m	67.18
配水管中心标高	m	12.787
填料顶部标高	m	11.687
填料底部标高	m	10.657
填料高度	m	1.0
集水池直径	m	121.40

中水升压泵采用3台（2运1备）卧式双吸离心泵，性能见表4.4。

表4.4　性能参数汇总

序号	参数名称	单位	中水升压泵
1	单台泵流量	m^3/h	1300
2	扬程	m	125
3	泵轴功率	kW	567
4	转速	r/min	1470

表4.4（续）

序号	参数名称	单位	中水升压泵
5	NPSHr	m	3.5
6	泵的效率	%	78
7	泵设计水温	℃	60
8	泵体设计压力/试验压力	MPa	16
9	正常轴振（双振幅值）	mm/s	0.05
10	电动机型号	—	Y500-4
11	电动机功率	kW	710
12	电动机电压	V	10000

本工程单台机组配置2台循环水泵，一机二泵，参数见表4.5。

表4.5　循环水泵主要参数

水泵			电机		
项目	单位	规范	项目	单位	规范
型号	2200HLBK-27		型号	YKSL3300-16/2150-1W	
型式	立式斜流泵		额定电压	kV	6
级数	一级		额定电流	A	
流量	m^3/s	11.47	功率	kW	3300
扬程	m	21.30	功率因数		
转速	r/s	370	转速	r/min	
效率	%	85	冷却方式		
生产厂家	长沙天鹅工业泵厂		生产厂家	湘潭电机厂	

4.2.4　锅炉灰渣系统

本工程每台锅炉采用一套正压浓相气力输灰系统，用来将干式电除尘器及省煤器灰斗的储灰输送至灰库，灰库设有原灰库、粗灰库和细灰库。锅炉除渣采用干式除渣系统，即每台炉设1台干式（风冷）排渣机，底渣在干式排渣机中冷却到一定温度后输送至渣仓贮存。

4.2.5 脱硫、脱硝、除尘工艺

脱硫：电厂脱硫改造工程采用石灰石–石膏湿法脱硫工艺，脱硫系统未设置GGH，超低排放脱硫吸收塔改造采用#1机组单塔双循环改造，#2机组采用双塔双循环改造，脱硫改造后工艺水总耗水量为270 m^3/h，脱硫工艺水水源变化后，脱硫废水产生量为20 m^3/h。

脱硝：烟气脱硝采用选择性催化还原SCR法，脱硝还原剂为液氨，脱硝耗水主要为稀释罐补水和降温喷淋，含氨废水为非经常性废水。

除尘：每台锅炉配置2台双室四电场电除尘器。电除尘器采用干式输灰系统，同期进行除尘改造，新增湿式静电除尘器（阳极管采用导电玻璃钢），冲洗平均耗水量为1.8 m^3/h（瞬时冲洗水耗为120 m^3/h，一到两天冲洗一次，一次冲洗约18 min），湿除排水直接排入脱硫装置，作为脱硫补水用，循环使用。

4.3 全厂给、排水现状

4.3.1 给、排水概况（见表4.6）

该厂2×600 MW机组原设计最大补充水量约为2398 m^3/h，其中生活用水10 m^3/h，取自城市自来水；电厂循环水及锅炉用水的补充水量约2388 m^3/h，由附近两地市政污水处理厂供给。

目前，全厂实际以当地污水处理厂来中水作为主要补给水水源，附近河水作为备用水源。

表4.6 近期实际用水量

年份	中水用量/m^3	黄河水用量/m^3
2013	10979416	2119085
2014	12463750	247643
2015	9597513	1765770

根据近期完成的全厂水平衡测试数据，电厂目前水务管理现状及有关技术指标如表4.7所列。

表4.7 该厂水务现状及主要技术指标

序号	技术指标名称	比率或数值（$m^3 \cdot h^{-1}$或%）			计算依据
		夏季	冬季	平均	
1	全厂总取水量（含供热）	2348.8	1788.3	2068.6	V_f
1.1	黄河水	0	0	0	
1.2	城市中水来水	2219	1655	1937	
2	全厂总用水量（含供热）	198234.1	144003.8	171119.3	V_t
3	重复利用水量	195885.3	142215.5	169050.7	V_r
3.1	全厂串、回用水量	4289.8	2396.3	3343.3	V_s
3.1.1	废水回用量	957.8	372.8	665.4	V_w
3.1.2	成品水量	3304	1994	2649.1	
3.1.3	串用水量	28	29.5	28.8	
3.2	全厂循环利用水量	191595.5	139819.2	165707.4	V_{cy}
3.2.1	冷凝水循环量	8320.5	7646	7983.3	
3.2.2	脱硫浆液循环量	63092	63069.2	63080.6	
3.2.3	循环水量	120183	69104	94643.5	
4	全厂消耗性水量	1822.9	1440.4	1631.7	V_{co}
4.1	化学除盐（含热力系统）系统消耗水量	18.5	18.5	18.5	
4.2	系统渗漏消耗水量	5.2	7.2	6.2	V_l
4.3	循环水系统损失水量	1518.9	1205.9	1362.4	
4.4	脱硫系统损失水量	194.5	163.5	179	
4.5	含煤废水系统蒸发损失	37.5	26	31.8	
4.6	工业废水系统出水绿化消耗	12	6	9	
4.7	其他消耗性水量	2.3	1.3	1.8	
5	全厂排放水量	525.9	347.9	436.9	V_d
5.1	生活污水非常规外排	22.8	20.8	21.8	
5.2	冷却塔排污水量	436.1	246.6	341.4	
5.3	含煤废水系统排放	10	3	6.5	
5.4	工业站废水排放量	47	48.5	47.8	
5.5	热网排放量	0	9	4.5	

表4.7（续）

序号	技术指标名称		比率或数值（$m^3 \cdot h^{-1}$或%）			计算依据
			夏季	冬季	平均	
5.6	热力排放量		10	20	15.0	
6	热力系统汽水损失		62.3	66.8	64.6	
6.1	机组汽水损失		9	9	9.0	
6.2	供热损失水量		0	5	2.5	
6.3	蒸汽吹灰损失水量		9.5	9.5	9.5	
6.4	精处理再生用除盐水量		10	8	9.0	
6.5	精处理再生损失工质		4	4	4.0	
6.6	除盐水至闭式水损失		9	4	6.5	
6.7	除盐水至定冷水损失		1	1	1.0	
6.8	厂区用汽损失		10	15	12.5	
6.9	其他汽水消耗		9.8	11.3	10.6	
7	全厂水复用率		98.82%	98.76%	98.79%	$R=\frac{V_r}{V_t}\times 100$
8	全厂废水复用率		64.55%	51.73%	60.36%	$Kw=\frac{v_w}{v_d+v_w}\times 100$
9	热力汽水损失率（扣除供热，吹灰损失）		0.638%	0.681%	0.659%	
9.1	#1机组		0.619%	0.586%	0.603%	
9.2	#2机组		0.657%	0.775%	0.716%	
10	除盐水补充率		0.920 %	0.887%	0.904%	
10.1	#1机组		0.914%	0.879%	0.897%	
10.2	#2机组		0.926%	0.895%	0.911%	
11	全厂水消耗率		77.61%	80.55%	78.88%	V_{co}/V_f
12	全厂水排放率		22.39%	19.45%	21.12%	V_d/V_f
13	漏失率		0.22%	0.40%	0.30%	V_l/V_f
14	耗水指标	$m^3 \cdot s^{-1} \cdot GW$	0.645	0.487	0.566	Q/发电量
		$m^3 \cdot MW^{-1} \cdot H$	2.32	1.75	2.04	

注：测试期间，#1机组的平均负荷为391 MW；#2机组的平均负荷为348 MW，合计为739 MW；夏、冬两季2台机组的平均负荷均按额定负荷的80%计算，为1008 MW；重复利用水量为循环水量与串用水量之和。

全厂冬季生产、生活用水约1788.3 m^3/h，夏季生产、生活用水约2348.8 m^3/h，废水回用率平均值仅为60%左右，废水复用率较低，很多水系统一次利用后即排放。

依据设计资料、系统图运行规程，水系统分为水源预处理系统、循环冷却水系统、化水系统（锅炉补给水处理系统）、工业水系统、生活水系统、煤水处理系统、脱硫水系统、消防水系统等。

4.3.1.1 预处理系统现状及存在问题

厂外水源，经厂外升压泵升压后，通过单根*DN*900钢套筒混凝土管道输送至厂区。备用水源采用沉砂池二次沉淀水，经厂外升压泵升压后，通过单根*DN*900管道输送至中水管道汇合。中水经厂外升压泵升压后，通过单根*DN*900管道输送至中水管道汇合。

中水送至澄清池处理后进入清水池，为冷却塔补水、消防水等提供水源。水源取水及预处理系统流程如图4.1所示。

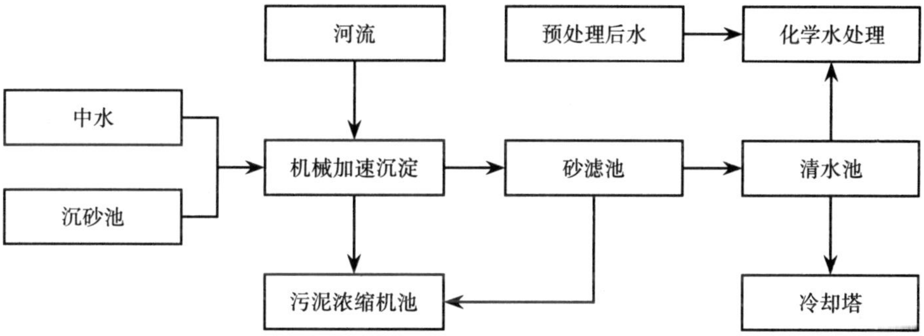

图4.1 全厂水源取水及预处理系统

电厂水源中水水质情况表，详见表4.8。

表4.8 中水水质表

检测项目	单位	结果	检测项目	单位	结果
颜色	—	土黄色	负硬	mmol/L	2.42
透明度	—	半透明	镁	mg/L	28.9
pH值	—	7.91	钙	mg/L	92.6
游离二氧化碳	mg/L	12.2	氯根	mg/L	99.2
全固形物	mg/L	791.4	硫酸根	mg/L	43.9
溶解固形物	mg/L	771.8	全硅	mg/L	35.0

表4.8（续）

检测项目	单位	结果	检测项目	单位	结果
悬浮物	mg/L	19.6	活性硅	mg/L	33.0
灼烧减量	mg/L	336.2	胶硅	mg/L	2.0
全碱度	mmol/L	9.42	铁	μg/L	124.6
氢氧根	mg/L	0	钠	mg/L	125.6
碳酸根	mg/L	0	钾	mg/L	30.5
重碳酸根	mg/L	574.8	COD_{Mn}	mg/L	11.5
总硬	mmol/L	7.00	电导率	μS/cm	1464.0
暂硬	mmol/L	7.00	NO_3^-	mg/L	1.0
永硬	mmol/L	—			
备注	硬度以1/2（Ca^{2+}+Mg^{2+}）计				

该厂预处理系统设计水量按照2500+1000 m³/h设计（其中1000 m³/h为旁流处理的循环水的排污水），水源为城市中水。源水引入机加池，经加药混凝沉淀澄清后，溢流至压力混合器、变孔隙砂滤池过滤器，除去悬浮物等杂质，出水合格后进入清水池，清水用于循环水补充水、锅炉补给水源水、过滤器反洗用水和系统的自用水。澄清池排泥由澄清池排泥泵输送至连续式浓缩池，污泥沉降后经浓缩池排泥泵排至脱水机，泥饼由螺旋输送机经电动泥斗放至泥饼运输车。脱水机的回水排至浓缩池，浓缩池的上层清水溢流到回收水池，并定期由回收水泵排入澄清池。

该系统可分为主设备系统和辅助设备系统。主设备系统包括三台出力600～1600 t/h的机械加速澄清池系统、十台出力300～450 m³/h的变孔隙砂滤池过滤系统、反洗水池（500 m³）、#1清水池（150 m³）、#2清水池（100 m³）的清水池及水泵系统；辅助设备系统包括石灰加药系统、絮凝剂加药系统、硫酸加药系统、助凝剂加药系统、二氧化氯加药系统、罗茨风机系统和自用水系统。

砂滤池的反洗排水、浓缩池上清水及其他杂用排水，都排至回收水池（V=300 m³，共两座），通过两台回收水泵（1用1备，Q=120～240 m³/h）送到澄清池回收。

现有预处理设施运行正常，能够保证系统运行。

中水经预处理系统处理后储存于清水池中，用于循环冷却水补水、化水系统补水、工业水补水及生消水池补水水源，预处理后清水池水质控制见表4.9。

表4.9　清水池水质表

序号	项目	单位	预处理后水质
1	pH值	—	6.8 ~ 7.0
2	COD_{Cr}	mg/L	<20
3	BOD_5	mg/L	<2
4	氨氮	mg/L	<5
5	总磷（以P计）	mg/L	<1
6	浊度	NTU	<2
7	溶解性固体	mg/L	不高于进水
8	Cl^-	mg/L	略高于进水
9	SO_4^{2-}	mg/L	不高于进水
10	全碱度	mmol/L	≤2.8
11	游离余氯	mg/L	≤0.2
12	硬度	mmol/L	≤3.8
13	钙硬	mmol/L	≤1.3

4.3.1.2　循环冷却水系统现状及存在问题

#1，#2机循环冷却水系统采用开式冷却方式，在凝汽器中（管材采用316L不锈钢管）汽轮机排汽被循环水冷却为凝结水。循环水在凝汽器中被加热，然后进入双曲线冷却塔。在冷却塔中，与空气进行换热，循环水被分散为膜状，通过蒸发散热、对流换热、辐射散热等方式冷却，循环使用。

通过冷却塔补水泵将预处理后清水池内的水补至冷却塔前池，用于补充冷却塔水。

循环水排污水分为两部分，一部分排放，一部分进行旁路处理，输送至原水预处理前端机械加速澄清池进行预处理。循环冷却水泵出水还供给全厂闭式水冷却器、锅炉启动站、脱硫工艺系统等系统用户。

循环水系统用水流程如图4.2所示。

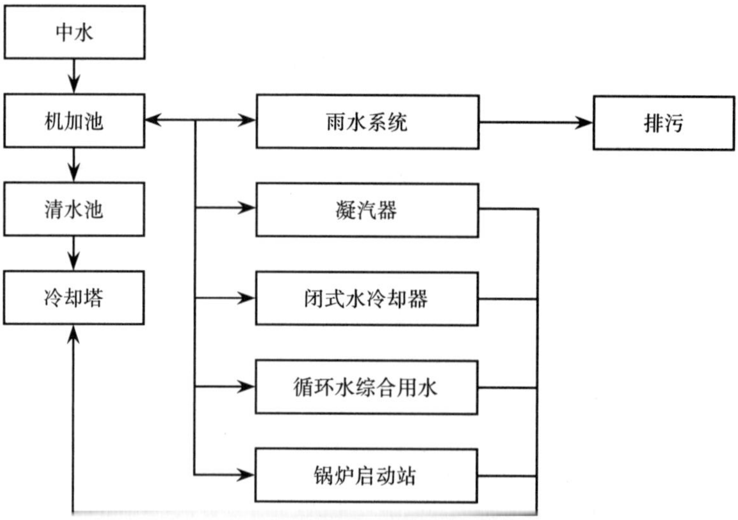

图4.2 循环冷却水系统

实际运行中，循环冷却水补水水质控制如表4.10所列。

表4.10 循环冷却水补水水质

序号	项目	单位	数值
1	pH值	—	≤8.5
2	总碱度	mmol/L	≤8.5
3	总硬度	mmol/L	≤9.0
4	钙硬	mmol/L	≤7.98
5	氯根	mg/L	≤400
6	浊度	NTU	<20
7	浓缩倍率	Φ	<5
8	总磷	mg/L	3～5

循环水采用添加阻垢剂方式，采用ClO_2杀菌处理，提高循环水浓缩倍率，达到不结垢、降低管材腐蚀的目的。一般pH值控制在8.5以内，偏碱性运行。

本工程采用间断冲击加药，加药点设在循环水前池，每台机组每天加药1～2次，每次30～60 min，加药2.5～3.0 mg/L或控制凝汽器出口游离氯含量为0.1～0.3 mg/L。2台二氧化氯发生器可同时运行，也可单台运行。

目前，电厂循环冷却水排水采用旁路处理，排污水一部分回原水系统进行预处理，另一部分进行排污，通过雨水系统排放。

循环冷却水存在问题主要如下。

① 根据原环评要求，循环冷却水排污水应排入城市污水处理厂，但污水处理厂为生活污水处理厂，不能处理循环冷却水排污水。因此，实际运行中循环冷却水排污水排入雨水系统，经过雨水管道外排至厂区外东侧的河王水库，流入索须河内。不满足环评批复要求。

② 机组实际设计冷却塔循环浓缩倍率为5.06，实际运行基本控制在5.0以内，造成循环水排污水较原设计值有一定偏差。

4.3.1.3　化水系统现状及存在问题

锅炉补给水处理系统设计为采用循环水排污水作为水源，经机械加速澄清池石灰软化处理后，经变孔隙滤池后进入#2清水池，由锅炉补给水输送泵将水从#2清水池打入生水箱。通过化水车间北侧的*D*219×8管道及*DN*100阀门接入生水箱，管道通量满足220 t/h。

原水通过水泵输送至生水箱，然后经生水泵通过双介质过滤器过滤，之后经超滤处理、反渗透预脱盐和阳床+阴床一级除盐、混床二级除盐系统，成为合格除盐水，进入除盐水箱，经供水设备供给机组热力系统。

化水系统工艺流程如图4.3所示。

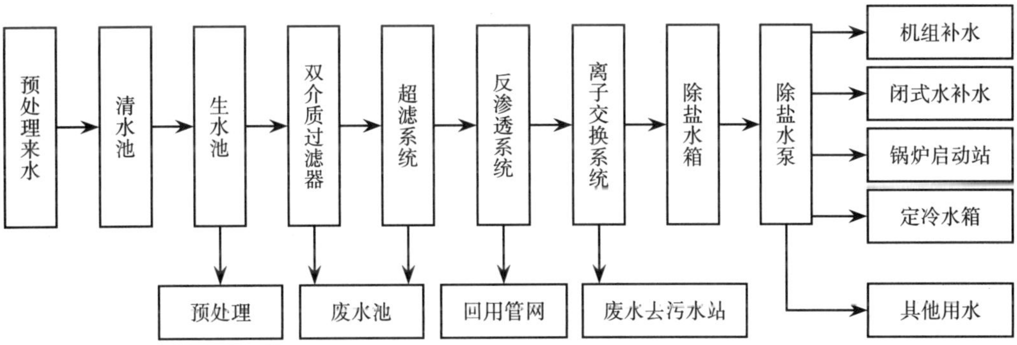

图4.3　全厂化水处理系统

化水系统各点控制水质如表4.11所列。

表4.11　化水系统各点控制水质表

序号	水样名称	项目	单位	数值
1	生水箱来水	浊度	NTU	<5
		余氯	mg/L	0.5 ~ 0.8
2	超滤出水	pH值	—	2 ~ 11
		浊度	NTU	≤4

表4.11（续）

序号	水样名称	项目	单位	数值
3	反渗透进水	*SDI*	mg/L	≤4
4	阳床出水	硬度	mg/L	0
		钠	mg/L	<100
5	阴床出水	电导率	μS/cm	<5
		二氧化硅	μg/L	<50
6	混床出水	电导率	μS/cm	<0.15
		钠	μg/L	≤10
		二氧化硅	μg/L	<15
7	除盐水箱出水	电导率	μS/cm	<0.2
		钠	μg/L	≤10
		二氧化硅	μg/L	<15

锅炉补给水处理系统正常制水能力为130 m^3/h，核心工艺以双介质过滤器和超滤为预处理，反渗透脱盐系统为预脱盐系统，阳、阴、混床为除盐处理系统保障出水水质。整个系统采用DCS自动控制。

化水系统设计2套65 t/h超滤反渗透装置，反渗透回收率为65%。直径2.5 m的阳床和阴床各3套，直径2 m的混床2套，单套出力130 t/h，配置2台容积3000 m^3的除盐水箱。

其工艺流程：生水箱→生水泵→双介质过滤器→自清洗过滤器→超滤装置→超滤水箱→超滤出水升压泵→保安过滤器→高压泵→反渗透装置→中间水箱→中间水泵→阳离子交换器→阴离子交换器→混合离子交换器→3000 m^3除盐水箱→除盐水泵→主厂房。

化水系统存在的主要问题：化学水处理系统采用超滤+反渗透+阴阳床一级除盐+混床二级除盐的工艺。补水量约130 t/h，机组消耗84 t/h，产生的过滤器反洗水、反渗透浓水及再生废水量约51 t/h。此外，电厂已改为供热机组，要承担周边地区的供热，热力系统需增加除盐水70 t/h。现有超滤反渗透设计2套65 t/h，设计能力不满足今后运行要求，备用系数较低，运行可靠性较低，对机组安全稳定运行影响较大。

4.3.1.4 工业水系统现状及存在问题

工业废水包括锅炉补给水处理系统产生的废水、凝结水精处理系统产生的废水、化验废水、锅炉酸洗排水、空气预热器冲洗排水、机组其他排水等。

工业废水处理系统总排管道上设一截流井，废水经自动格栅除去1 cm以上的大颗粒后，流入集水池，提升至2个3000 m^3的废水曝气塔，废水在曝气塔中经搅拌曝气降低水中的耗氧量，然后进入絮凝器，絮凝器前设酸碱贮槽，调节pH值，同时，通过计量泵在絮凝器入口处加入适量的絮凝剂，废水在絮凝剂的作用下，通过反应器，使形成的矾花逐渐长大，这时水中的悬浮物被矾花吸附、网罗，并使废水中的乳化油的双电层得到压缩，起到破乳作用，然后废水流经澄清器，絮凝物沉降下来，上清水流到清水池，调节pH值后回用或者达标排放。澄清器排泥经污泥浓缩池浓缩后送至离心式脱水机脱水，最后的泥饼由汽车运往灰场。

工业废水处理系统产生的污泥排至中水处理系统浓缩池。工业废水处理系统流程如图4.4所示。

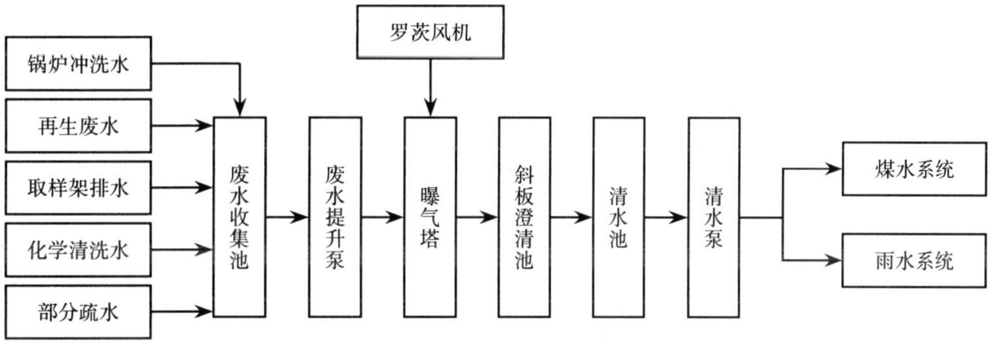

图4.4　全厂工业废水处理系统

工业废水处理系统设备有曝气塔、曝气装置、罗茨风机、pH值调节混合器、斜板澄清池、澄清池排泥泵、清水池、清净水回用泵各类风机和成套加药装置等，设备处理能力按照100 t/h设计。

工业废水进入曝气塔，经充分曝气后，使废水得到生物反应所必需的氧气，培养出活性污泥，同时将曝气塔内水充分混合搅拌，然后由废水泵提升至管道混合器，在管道混合器内加酸或碱调节pH值，加入混凝剂和助凝剂，进行絮凝后，进入斜板澄清池进行澄清处理，排泥由斜板澄清池排泥泵送到中水处理系统浓缩池，清水溢流至清水池，可根据需要由清水泵送到回用场所或排入下水道。

工业废水处理系统收集了发电过程中经常性排水和非经常性排水。

（1）经常性工业废水。

主厂房内经常性工业排水，如锅炉排污水等水质比较好，符合排放标准，不需要处理即可直接回收。其余经常性工业排水，如锅炉补给水处理系统再生排水、试验室排水、取样装置排水等，废水pH值为2～12，应经曝气塔、pH值调整混合反应絮凝、澄清器后用清净水泵送到回用水系统或排放。

（2）非经常性工业废水。

非经常性工业废水，包括空气预热器冲洗排水、烟气侧冲洗排水、主厂房地面及设备冲洗排水。这些水瞬间流量大，水质较差，含有较高的悬浮物、溶解性铁和COD。这类排水经机组排水槽转入工业废水集中处理系统的曝气塔，在曝气塔中投加二氧化氯、碱进行氧化，在管道混合器投加酸碱中和后进入反应槽，在反应槽进水口投加混凝剂，在反应槽出水口投加助凝剂，进入絮凝槽后，自流入斜板澄清池，经过管道混合器二次投加酸碱后，用清净水泵送到回用水系统或排放。

各种工业废水的排放量和废水水质如表4.12所列。

表4.12　工业废水的排放量和废水水质

类别	废水名称	排水量	废水水质				
			pH值	SS / (mg·L^{-1})	Fe / (mg·L^{-1})	COD / (mg·L^{-1})	油类
经常性排水	锅炉补给水处理系统排水	<63 t/h	<6	300			
	试验室排水	1 t/h	3 ~ 10	<50			
	取样排水	2 t/h	9.0 ~ 9.5		1 ~ 3		
	其他排水	30 t/h	6 ~ 9			1 ~ 3	1 ~ 2
非经常性排水	锅炉化学清洗排水	4000吨/（次・台）	2 ~ 12	3000	3000 ~ 6000	800	1
	空气预热器冲洗排水	4000吨/（次・台）	2 ~ 12	3000	500 ~ 10000	1000	1 ~ 2

本工程工业废水处理系统设置2台3000 m^{3}的曝气池，可以收集非经常性废水，通过非经常性废水处理系统处理后，贮存逐步作为含煤废水处理或脱硫系统补水，分批定量消耗。但实际运行中基本都是按照曝气池暂时储存，清洗完毕后废水由清洗方负责运输至厂外处理。

根据水平衡测试工业废水系统输入水总量：夏季为62.3 m^3/h，冬季为63.8 m^3/h，平均63.05 m^3/h，现有工业废水处理系统出力能够满足运行要求。

水利部当地水利委员会《准予行政许可决定书》中对本工程的排水做出了明确的要求："盖章生活污水及其他工业废水处理后回用，禁止外排"。原设计处理完的工业废水主要作为含煤废水补充水和绿化用，实际运行中氨站的非经常性排水、脱硫废水等都排放至含煤水系统，含煤废水补充水无法完全消化处理完的工业废水，工业废水处理完后由于后续无法消纳，清水箱溢流至雨水系统，不符合要求需要改造。

4.3.1.5 生活水系统现状及存在问题

生活污水系统主要处理厂内生活区排出的废水，主要包括粪便水、洗浴水、食堂水和冲洗水等。生活污水采用A/O生化处理工艺，集中至生活污水调节池，进行二级生物处理和沉淀消毒处理，处理合格后排至冲洗水池。整套工艺包括初沉池、厌氧池、接触氧化池、二沉池、消毒池、污泥池、风机房和曝气装置。生活污水处理设备共2套，每套设备处理能力为20 m³/h，设计最大处理能力为25 m³/h。

实际运行中生活污水总水量夏季为26.8 m³/h，冬季为24.8 m³/h，平均25.8 m³/h。

生活污水收集到污水调节池，在调节池进口处设有一道格栅，用来除去污水中的软性纤维及大颗粒杂质，以防堵塞水泵、阀门、管道，确保处理设备的正常运行。污水由潜污泵提升进入初沉池，经初步固液分离，再进入A级生物处理池，发生缺氧脱氮除磷反应，且在O级接触氧化池将污水中的有机物分解成无机盐类，从而达到净化的目的。处理后的水自流到二沉池，经过固液分离，悬浮物随生物膜沉淀成为污泥，清水则流入消毒池，消毒池出水既可达标排放，也可储存至清水池，通过冲洗水泵进行回用。为有助于生物膜的形成，通过鼓风机向生物处理单元内充入空气，同时将O级接触氧化池出水部分回流循环处理，以提高处理效果。初沉池、二沉池中的污泥排入污泥硝化池，经鼓风机充入空气硝化后，由污泥提升泵排至污泥脱水机脱水，泥饼由电动泥斗送到泥饼运输车后外运，现阶段生活水平系统流程图如4.5所列。

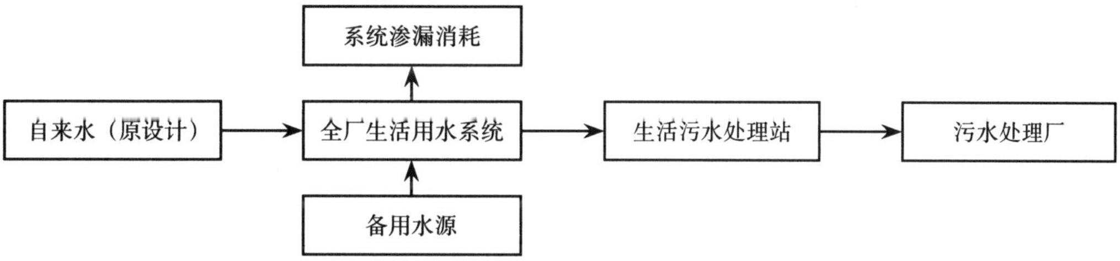

图4.5 生活水系统

生活污水处理系统控制进出水水质，参数如表4.13所列。

表4.13 生活污水处理系统水质

序号	指标	单位	系统进水	系统出水
1	SS	mg/L	220	20
2	COD_{Cr}	mg/L	400	40
3	BOD_5	mg/L	200	20
4	氨氮	mg/L	60	15
5	总磷	mg/L	8	0.5
6	油	mg/L	150	5

生活污水处理系统存在以下问题。

① 机组投运后，生活污水处理系统运行可靠性较差，入口管道设计不合理，生活区集水管道较地埋式污水处理装置入口低，生活污水流动不畅，管道易于堵塞，整个系统采用地埋式，检修维护不便。

② 少量生活污水经过污水处理系统后可排入煤水池作为补水，但大部分溢流至雨水管道，未输送至污水处理厂，不符合环评批复要求。

4.3.1.6 煤水处理系统现状及存在问题

（1）含煤污水处理系统。

含煤废水处理系统是收集和处理由煤场、道路冲洗和输煤栈桥来的含煤废水，电厂的栈桥冲洗水、含煤废水处理采用加药、混凝沉淀、过滤的处理工艺。含煤污水处理设施由调节池、煤水提升泵、煤水一体化处理设备、加药装置、煤泥泵、清水泵、刮泥机等组成。

由煤场、道路冲洗和输煤栈桥来的含煤废水首先进入煤水沉淀池进行沉淀，再进入处理站的调节池，由煤水提升泵送至煤水一体化处理设备，加药沉淀过滤处理后进入清水池，由清水泵对煤水一体化处理设备进行反冲洗，反冲洗下来的煤泥进入调节池。调节池中装有刮泥机，定期刮泥至池底部，由煤泥泵打至燃料煤泥沉淀池，定期清理煤泥至煤堆。

煤水一体化处理设备有2套，每套出力为20 t/h，采用高效絮凝反应、高效斜板沉淀、多介质过滤一体化处理工艺，控制出口SS小于10 mg/L，pH值在6.5 ~ 9.0。

其流程如图4.6所示。

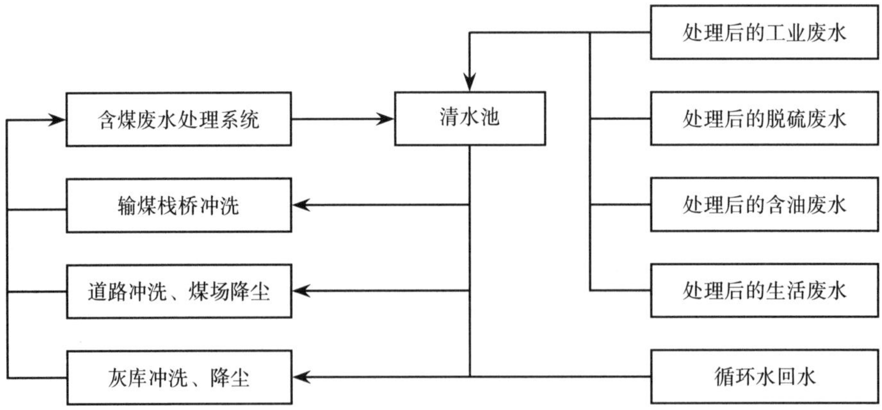

图4.6 全厂现有含煤废水处理系统

原设计含煤废水补水为工业废水，实际运行中由于脱硫废水无法处理排入含煤清水池，非经常性脱硝氨站含氨废水也排入含煤清水池，部分生活废水也排入含煤清水池，补充水量远远超出煤场等喷淋冲洗耗水，水量无法平衡，处理后的煤水清水池经常溢流漫出。

同时煤水沉淀池未装设清理设备，导致设备运行不好，池底煤泥不能有效清理，煤水沉淀效果差，排入处理站调节池的煤水悬浮物超出原设计值，导致煤水一体化处理装置出力达不到原设计值。原设计至调节池含煤废水要求悬浮物含量（*SS*）在3000 mg/L内，实际测试SS达到11000 mg/L。

（2）煤场含煤废水系统。

该厂主煤场位于厂区南侧，煤场占地面积约40000 m^2，为全露天煤场，场地未硬化，煤场周边设有含煤废水收集沟，收集沟外形尺寸为0.5 m（宽）×0.4 m（深），将部分含煤废水和雨水都收集到沉淀池进行沉淀处理，煤场东侧南北边各设有一个煤水沉淀池，外形尺寸约为20 m（长）×10 m（宽）×10 m（深），有效容积为1800 m^3。煤场冲洗及周边道路冲洗含煤废水通过该池收集，简单沉淀后输送至含煤废水处理系统调节池进行处理后回用。

目前，煤场周边的含煤废水系统主要存在问题如下。

① 现有煤场周边未实现雨污分流、清污分流，道路冲洗含煤废水有部分进入雨水管道，特别是下雨初期含煤废水通过雨水管道排出。煤场南运煤道路2015年改造后，日常冲洗及雨不大时，污水均流入煤水沉淀池；大雨时，人工掀起雨水井盖板进行溢流，其余道路冲洗、区域雨水通过排水沟流入煤水沉淀池。日常输煤栈桥及道路冲洗污水流入煤水沉淀池，由煤水处理系统处理后返回冲洗水系统，该系统容积、设备处理能满足需要。汛期大雨时，煤水处理系统出力不能满足需要，翻车机区域、厂区东侧扩建段积水通过人工架设潜水泵打至煤水沉淀池，#1，#2煤水沉淀池短时间即满，溢流到雨水口排出，而燃料区域能排水的雨水口仅 个，致使燃料区域大面积积水，严重时积水深50 cm。

煤场及周边道路总占地面积约60000 m^2，按照暴雨重现期2年，降雨历时30 min，郑州市暴雨强度169 L/(s·ha)，径流系数0.45计算，则煤场初期半小时含煤雨水排放量为1650 m^3/h。

② 脱硫废水通过管道排入煤水沉淀池内，由于脱硫废水氯离子浓度较高，对煤场喷淋系统造成影响，致使煤场喷淋排污泵叶轮腐蚀，喷枪腐蚀，影响设备正常运行。

③ 沉淀池未配置煤泥抓斗，需靠人工清理池底沉积煤泥，由于运行不方便，造成沉淀池沉淀效果不好，含煤废水未达到初沉效果，输送至煤水处理调节池的废水悬浮物超标，降低含煤废水处理能力。

（3）翻车区含煤废水系统。

电厂生产用煤部分由火车运输，配套有翻车机对火车运煤进行卸车，翻车机区位于厂区东侧，占地面积约20000 m^2，后期增设一个简易煤水沉淀池，外形尺寸约为10 m（长）×6 m（宽）×4 m（深），有效容积为200 m^3，设置排污泵将沉淀池收集的含煤废水输送至煤场边的沉淀池内。由于整个翻车区未配置收集环沟，沉淀池仅能够收集部分区域含煤废水，降雨期间，翻车区场地易积雨水。

翻车机区含煤废水系统存在以下问题。

① 翻车机区没有设置含煤废水收集沟，含煤废水、地面冲洗废水及翻车区降雨初期含煤雨水无法有效收集。

② 现有沉淀池较为简易，且容积较小，储存容量不足（翻车区初期半小时含煤雨水排放量为550 m^3/h），下雨时大量的含煤废水需通过排污泵将沉淀池收集的含煤废水输送至煤场边的沉淀池内，然后溢流至雨水系统。需要对翻车区沉淀池进行扩容改造，降雨时收集初期含煤雨水，大雨时溢流至雨水系统。

4.3.1.7 脱硫水系统现状及存在问题

脱硫系统水源有循环水出水母管来水和锅炉补给水供水母管来水，采取自动控制方式补水。对脱硫系统设备冷却，工艺用水最终被烟气和石膏携带消耗，脱硫系统产生的废水经废水处理系统处理后进入煤水冲洗水池，之后回用。从汽动引风机循环冷却水回水母管中引接一路水源，用于锅炉烟气深度处理，其处理的废水进入脱硫系统，消耗。脱硫水系统流程如图4.7所示。

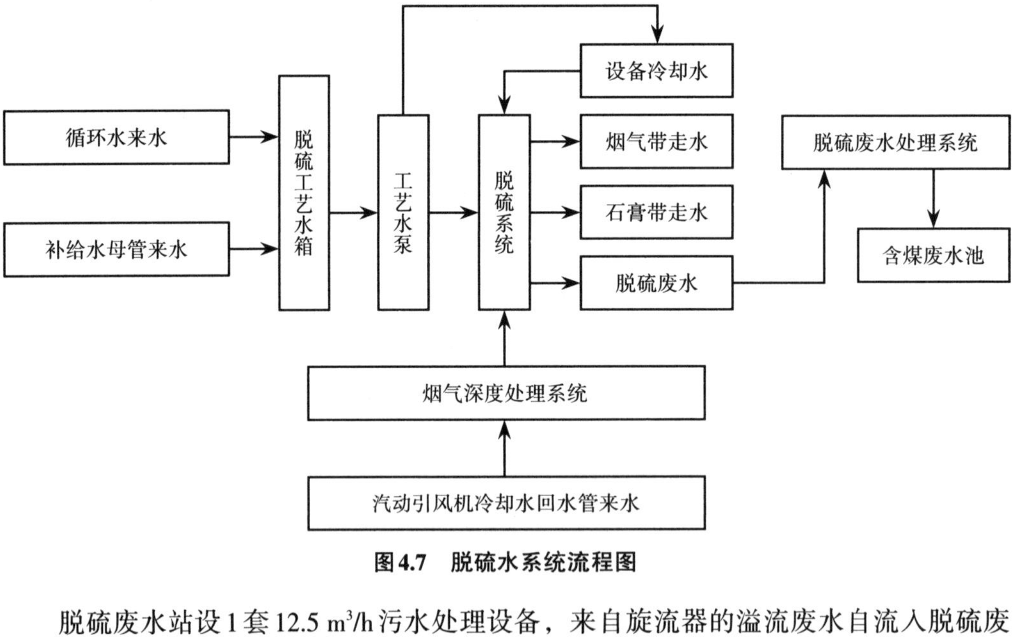

图4.7 脱硫水系统流程图

脱硫废水站设1套12.5 m^3/h污水处理设备，来自旋流器的溢流废水自流入脱硫废水箱后通过提升水泵送到脱硫废水处理装置，加入$Ca(OH)_2$调节pH值，使重金属离子生成氢氧化物微溶盐和难溶盐，再通过混凝澄清后从水中沉淀分离。沉淀在浓缩澄清池的泥通过泥浆泵送到压滤机进行压滤脱水，脱水后的污泥进入泥斗后通过汽车外运。脱硫废水处理系统流程如图4.8所示。

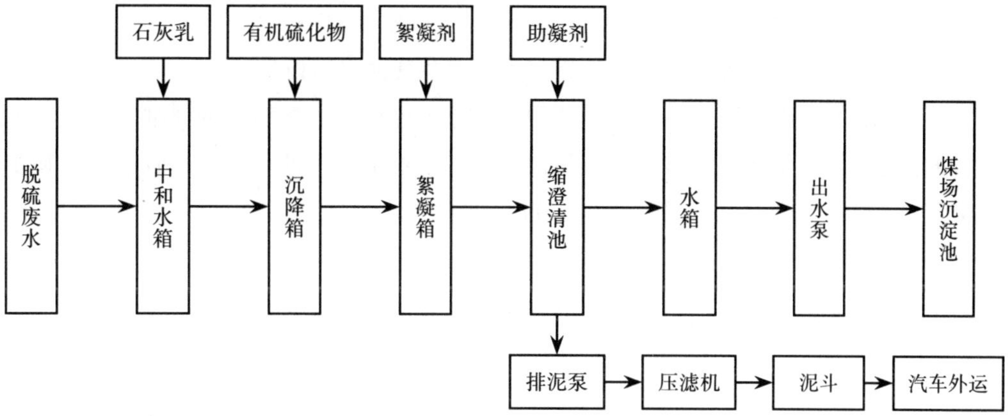

图4.8　现有脱硫废水处理工艺流程图

目前，脱硫废水含固量不稳定，脱硫原有设备老化比较严重，“三联箱”易堵；原有加药采用人工加药，不能长期稳定运行；污泥脱水系统板框压滤机滤布进泥，反洗效果不佳，滤板易变形，且故障率较高。

原环评批复要求脱硫废水经单独处理后回用于干灰调湿，由于干灰为气力输送至灰库后由汽车运输，无需干灰拌湿，该部分脱硫废水改为排至含煤废水系统，对含煤废水系统造成影响，需要进行改造。

目前，脱硫系统年均使用152.5 m³/h的清水池成品水，建议将成品水改为循环水排污水或其他高含盐水作为水源，以减少使用成品水量。

4.3.1.8　油水系统

循环水来水对燃油系统设备冷却并冲洗；含油废水通过含油废水池收集，再通过废水泵输送至含油废水处理系统处理，废油回收利用，处理后的废水通过回收水泵输送至煤水冲洗水池回用。含油系统具体流程如图4.9所示。

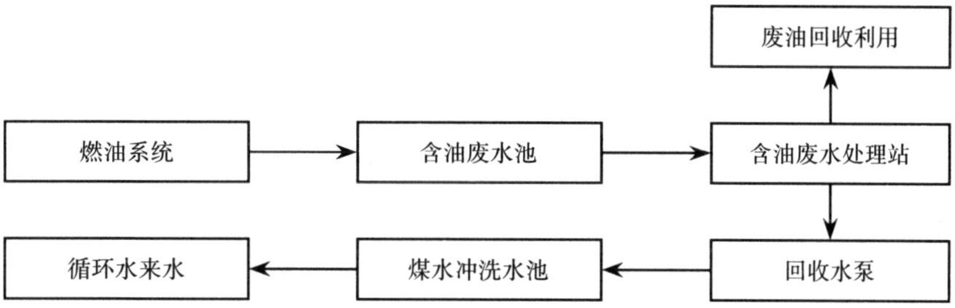

图4.9　含油系统流程图

含油污水处理系统是收集和处理油罐区冲洗地面的含油污水及油罐排污，使之达到污水排放标准后回收使用。含油污水处理系统按照1×15 m³/h设计，含油污水处理设备布置在污水处理间内。含油污水处理系统主要包括废水污油池、油水提升泵、

LSJZ-15含油污水真空分离净化机、液位计、FT-500浮油净化分离器、污油过滤器、回收油箱、齿轮油泵、活性炭过滤器等主要设备及其他附属设备。

含油污水首先进入污油池，污油池中装有水上浮筒，收集表面的浮油，通过浮油分离净化机把油水分开，水再次进入污油池，油通过电动排油泵送至回收油箱。初步处理后的含油污水通过泵经管路过滤器进入油水分离净化器，除去颗粒较小的浮油。油水分离净化器的出水进入活性炭过滤器，除去水中的乳化油和悬浮物，处理后的达标水排放至地沟或回收复用，未达标水再次回入含油污水池。浮油分离净化机和油水分离净化器分离出的油都经过电动排油泵送至回收油箱，再由齿轮输油泵送至储油罐。

4.3.1.9 消防水系统

消防水取自预处理后清水池的消防水池。消防水系统为专水专管的独立水系，禁止从消防水系统接入任何非消防使用的各种取水点。在特殊情况下，需使用消防水从事临时用水工作时，要按照管理程序提请消防用水申请，用水需求批复后，严格控制使用过程和时间。

4.3.1.10 其他问题

SCR脱硝液氨站由于夏季高温降温喷淋后瞬时水量较大，现有氨站地坑容积为27 m^3，不满足水量缓冲要求，需考虑在氨站附近增设缓冲水池。

脱硝废水由于含有氨，呈碱性，原设计含氨废水作为含煤废水补水，接入含煤废水池，建议接入工业废水曝气池内进行酸碱中和处理后再回用。

4.3.2 各水系统设备现状

根据现场调研收资，厂区内各水系统设备状况和处理后水的实际去向如表4.14所列。

表4.14 各水系统设备状况统计表

序号	水系统	设备状况	设计出力/($m^3 \cdot h^{-1}$)	原设计去向	实际去向	备注
1	中水预处理系统	正常运行	3500	循环冷却塔补水、辅机开式冷却等	同原设计	
2	循环水、排污水	无设备		城市污水处理厂	溢流至雨水管网	污水厂不接收，外排，不符合环评要求

表4.14（续）

序号	水系统	设备状况	设计出力/（$m^3 \cdot h^{-1}$）	原设计去向	实际去向	备注
3	锅炉补给水处理系统	正常运行	130	锅炉用水	同原设计	
4	生活水处理系统	正常运行	5	生活饮用	同原设计	
5	生活污水处理系统	不能正常运行	20×2	煤水处理清水池	溢流至雨水管网	
6	工业废水处理系统	正常运行	100	煤场喷洒、干灰调湿	煤场喷洒、溢流至雨水管网	
7	脱硫系统	正常投运	12.5	干灰调湿	煤场喷洒	
8	含煤废水处理系统	正常运行	20×2	回用煤场	同原设计	
9	含油废水处理系统	正常运行	15	煤水处理清水池	同原设计	

4.3.3　废水回用及最终外排现状

根据现场调研收资，厂区内各类废水水质、水量及目前的处理方式如表4.15所列。

表4.15　主要现状排水系统水量统计表

序号	排水系统	水量/（$m^3 \cdot h^{-1}$）	污染因子	接纳系统	排、耗水量/（$m^3 \cdot h^{-1}$）
1	循环冷却外排水	436.1（246.6）	含盐、悬浮物	循环冷却外排水	排雨水管网436.1（246.6）
2	工业废水排水	15	含盐	含煤废水处理系统	煤场蒸发渗透损耗37.5（26）；溢流雨水管网10（3）
	脱硫废水排水	10.5（6.5）	悬浮物、重金属离子、pH值、TDS		
	含油废水排水	18（3.5）	pH值、*SS*、石油类		
	输煤栈桥冲洗	4	悬浮物		
	小计	47.5（29）			

表4.15（续）

<table>
<tr><th>序号</th><th>排水系统</th><th>水量/（$m^3\cdot h^{-1}$）</th><th>污染因子</th><th>接纳系统</th><th>排、耗水量/（$m^3\cdot h^{-1}$）</th></tr>
<tr><td>3</td><td>生产区生活污水</td><td>26.8（24.8）</td><td>悬浮物、生化需氧量</td><td>生活污水处理系统</td><td>排雨水管网22.8（20.8）；
管网损耗4</td></tr>
<tr><td>4</td><td>脱硫水工艺水</td><td>205（170）</td><td>悬浮物、重金属离子、pH值、TDS</td><td>脱硫废水处理系统</td><td>蒸发189.5（160.5）；
石膏携带5（3）；
废水排放至煤场10.5</td></tr>
<tr><td rowspan="4">5</td><td>锅炉补给水过滤器及再生反洗</td><td>41（44.5）</td><td>含盐量高</td><td rowspan="4">工业废水处理系统</td><td rowspan="4">排雨水管网47（48.5）；
排放至煤场15；
污泥携带损耗0.3</td></tr>
<tr><td>化学制氯间废水</td><td>0.3</td><td>含盐量高</td></tr>
<tr><td>主厂房废水池</td><td>21（19）</td><td>含盐、悬浮物</td></tr>
<tr><td>小计</td><td>62.5（63.8）</td><td></td></tr>
</table>

依据表4.15统计可见：循环冷排污水、生活污水、工业废水处理系统、含煤废水处理系统均有富余废水对外排放。

4.4 循环水排水处理系统技术介绍及方案选择

4.4.1 循环水排水处理系统主要工艺选择原则

① 工艺选择保证合理性、先进性和成熟性，确保处理后的水达到或优于用户用水的水质标准，无二次污染。

② 在出水达标的前提下，尽可能采用节能、高效的处理设备，降低建设投资和运行费用。

③ 工程操作、运行与维护管理简单、方便，设备运行性能可靠。

④ 在满足各项规范与建设单位要求的前提下，尽量节省占地。

主要污染因子分析选择：

从电厂提供的水质报告中可以看出，电厂循环冷却水排污水中主要的污染物为悬浮物、钙离子、镁离子、硫酸根离子、碳酸根离子和氯离子。高浓度的钙镁离子会产生结垢问题，高浓度的氯离子会对管道产生应力腐蚀。因此，方案选择重点考虑对悬浮物、钙镁离子和氯离子的去除。

4.4.2 循环水排水复用技术介绍及方案的选择

电厂循环水排污水设计量为450 m^3/h。

根据要求循环水排污水需综合回用，不外排。因此本项目需要对循环水排污水进行处理后回用。

针对循环水排污水、生活废水、工业废水水质特点，选取适用于硬度高、含盐量大的废水处理需求的工艺，因此工艺选择重点为降低废水含盐量，选择将其脱盐处理后进行回用的处理工艺。

此类排水经处理后的最终产水分为两类：一类含盐量较低的淡水作为现有锅炉补给水系统用水；另一类含盐量较高的浓水混合一部分处理后的工业废水外排水作为脱硫工艺补水，最终实现对外不排放废水的目标。

目前，国内常用的脱盐处理工艺主要为离子交换和反渗透两种。

4.4.2.1 离子交换法

离子交换技术在水处理领域中有广泛的应用。如水质软化、水质除盐、高纯水制取、工业废水处理、重金属及贵重金属回收等。

离子交换法是通过阳、阴树脂与水中离子进行交换的方式，去除绝大部分的阴、阳离子，降低水中的含盐量。

水处理中常用到的离子交换法有Na离子交换、H离子交换和OH离子交换。根据应用目的的不同，它们组合成的水处理工艺有为除去水中硬度的Na离子交换的软化处理，为除去硬度并降低碱度的H-Na离子交换的软化降碱处理，以及为除去水中全部溶解类盐的H-OH离子交换的除盐处理。

交换树脂受到交换容量的限制，对进水离子含量有一定的要求，一般小于500 mg/L，否则，树脂很容易达到饱和而失效，需要频繁再生，耗费大量的酸碱。

离子交换法预处理要求简单、工艺成熟，出水水质稳定、设备初期投入低。由于制水原理类同于用酸碱置换水中离子，所以在原水低含盐量的应用区域运行成本较低。但其操作复杂烦琐，操作难度大，通常须配置经验丰富的操作人员；若采用自动控制，则控制点多、阀门要求高，自动化操作难度大，投资高；需要酸碱再生，酸碱耗量大，再生废水多，存在环境污染隐患；由于树脂对非极性的大分子没有去除能力，所以制水过程中可能会出现细菌殖生，在含盐量高的区域运行成本高。

4.4.2.2 反渗透法

反渗透法是一种物理分离水中盐分的方法，它的原理是借助压力使水分子强迫透过对水分子有选择透过作用的反渗透膜，而盐却被截留下来，随浓水排出系统。反渗透法具有以下特点。

① 连续运行，产品水水质稳定。

② 无须用酸碱再生。

③ 对进水含盐量没有要求，脱盐效率高，一般可达97%以上。

④ 分离过程不需要加热，没有相变、能耗少。

⑤ 设备体积小、工艺简单、操作维修方便。

⑥ 预处理要求较高，需要对进水的悬浮物、有机物、微生物和易结垢离子进行控制。

反渗透装置能否安全运行，关键在于预处理工艺是否合理。常规的预处理工艺主要由多介质过滤器+活性炭过滤器组成，其优点是设备投资较低，运行成本也较低，工程应用较多，工艺也较为成熟。

但常规的预处理工艺也存在明显的缺点，如系统操作较为复杂、程控过程较为烦琐、占地面积较大、出水水质（*SDI*指标）不易满足反渗透的进水要求。

以超滤膜为代表的膜分离技术，已广泛应用于水处理行业，中空纤维膜是超滤膜的主要形式之一。该膜呈中空毛细管状，其内表面为致密层，内部为多孔支撑层，致密层上密布微孔。被分离的溶液借助外界压力的作用，以一定的流速沿着超滤膜壁流动，让溶液中的水、离子、低分子量物质透过膜表面，而溶液中的高分子、大分子物体、胶体微粒及细菌微生物等被截留下来，从而实现分离。

超滤过程是一个动态过程，膜不易堵塞，可以连续长期使用；超滤过程是无相变、无温度变化、无化学变化的物理过程，因此能耗低，与以多介质过滤器+活性炭过滤器为主的常规预处理工艺相比，具有系统简单、操作容易、出水水质好且稳定的特点，可以有效延长反渗透膜组件的使用寿命，减少换膜率。

因此，推荐以超滤作为反渗透的预处理工艺。

4.4.3 方案比选

离子交换法与反渗透法相比，去除水中离子的效果不错，但也有其局限性，详见表4.16。

表4.16 离子交换与反渗透脱盐方案比较

序号	比较项目	离子交换脱盐	反渗透脱盐
1	系统产水率	85%	75%
2	工程投资	高	较高

表4.16（续）

序号	比较项目	离子交换脱盐	反渗透脱盐
3	运行费用	很高	较高
4	运行管理	复杂	简单
5	工艺先进性	先进	很先进
6	占地比较	1	0.8
7	优点	工艺成熟，自动化程度高，易于实现全自动控制，对水的硬度没有选择性，对进水水质要求不是很高	工艺先进，自动化程度高，易于实现全自动控制，对水的硬度没有选择性，对进水含盐浓度没有要求，脱盐率高，出水水质好
8	缺点	设备、阀门数量繁多，管道对防腐要求高；设备多，系统再生频繁，再生剂消耗量很大，费用高，再生废液量大，较难处置。含盐量高于500 mg/L时再生频繁，不宜使用	生产过程中产生一定量的浓盐水，直接外排，浪费了部分水源。来水硬度较高时，运行风险很大，增加阻垢剂用量及化学清洗周期，从而导致运行成本增加过大

针对本工程中废水，含盐量较高，如采用离子交换脱盐，再生周期会缩短，操作烦琐，需消耗大量的酸、碱再生剂，不适合于本工程。

由于循环排污水水质与循环水系统补充水和循环水的浓缩倍率有关，而且为了防止循环水系统结垢和腐蚀，采用了加阻垢剂、加杀菌剂等处理方式，导致水质成分复杂，处理难度较高。虽然反渗透脱盐对进水含盐量没有太高要求，但考虑到废水暂硬较高、水质成分复杂，需要设有预处理装置，因此本工程推荐采用超滤+反渗透脱盐结合工艺。

4.5　处理生活污水主要技术介绍及方案选择

4.5.1　生活污水处理系统主要工艺选择原则

生活污水处理后，中水作为电厂循环冷却补充水源，COD和氨氮指标成为关注的问题，设计的取值直接决定了深度处理工艺的选择及用水系统的安全性。

循环冷却水中若氨氮和COD较高会产生以下危害。

① 对循环冷却水系统中微生物繁殖的促进作用使系统中微生物的量大幅增加，微生物产生的黏泥和腐蚀产物覆盖在换热器的表面会降低冷却水的冷却效果，堵塞换热器中冷却水的通道，阻止缓蚀剂和阻垢剂到达金属表面发挥其缓蚀和阻垢作用，形成

浓差腐蚀电池而引起金属设备的腐蚀。

② 氨氮在循环冷却水系统发生硝化反应产生的大量酸造成系统pH值下降，对系统管材（主要是铜管和碳钢管）造成酸性腐蚀，另外也会造成冷却塔水泥构筑物酸性腐蚀，使其产生砂化现象。

③ 凝汽器为铜材质而循环冷却水中含有较高含量的氨时，会发生氨的电化学腐蚀，影响机组的稳定运行。

④ 循环冷却水杀菌普遍使用氯系氧化性杀菌剂，氨是强还原性物质，易与氧化性杀菌剂发生反应。氨氮对氧化性杀菌剂有分解消耗作用，使杀菌剂无法达到预期的杀菌效果。

所选工艺不仅要去除氨氮和COD，而且要保证出水中氨氮和COD浓度的稳定。另外，根据4.4.3节方案比选循环冷却排污水系统，推荐采用超滤+反渗透工艺，处理后清水用于热网补水及化学补水，因此处理后的水质不仅应满足循环冷却补充水水质要求，还应考虑经过循环冷却浓缩后的排污水满足锅炉补给水处理系统进水水质要求。

4.5.2 生活污水回用技术

生活污水来自厂区各建筑的生活排水，其特点是悬浮物，COD，BOD_5变化大，最大值超标较多，但COD，BOD_5平均值很低。

生活污水处理回用是比较成熟的技术，国内目前采用的工艺很多，具体应用于电厂生活污水处理的方法大体有三种，即生物接触氧化+沉淀+过滤+消毒，曝气生物滤池（BAF）+过滤+消毒，膜生物反应器（MBR）+消毒。

为保证改造技术成熟可靠，充分利用现有设备，降低改造投资，本次改造仍采用原有工艺技术，生活污水处理系统在原有设施基础上进行更换改造。

生活污水处理后，一路输送至中水预处理系统的机械加速澄清池内，作为循环冷却水补水；一路在夏季时进入绿化系统管网作为绿化用水使用。

4.6 处理脱硫废水主要技术介绍及方案选择

4.6.1 脱硫废水处理系统主要工艺选择原则

① 分步处理。所谓分步处理，第一步将脱硫废水处理到合格排放的要求；第二步进行浓缩处理，降低蒸发结晶系统处理负荷，减少投资和运行费用；第三步进行蒸发结晶处理，冷凝液水质较好，可回用于循环水系统或作为脱硫工艺水补水，浓盐水结

晶后外售，完全无废水产生。

② 脱硫废水的深度消化处理分三部分（达标处理、浓缩处理、蒸发结晶处理），每个部分的处理工艺均可以单独运行。

③ 浓缩和蒸发结晶工艺选择。各种工艺对脱硫废水水质的适应性各不相同，所以，在进行工程应用前，需要进行详细地调研、考察，并根据具体情况进行相关的试验，才能最终确定可靠的处理工艺。

4.6.2 脱硫废水回用处理方案

根据现场勘察，目前原有设备老化比较严重，“三联箱”易堵；原有加药采用人工加药，不能长期稳定运行；污泥脱水系统板框压滤机滤布进泥，反洗效果不佳，滤板易变形，且故障率较高。

本工程需要对脱硫废水处理系统进行改造，对老化、锈蚀设备进行更换；提高原有加药系统自动化水平，更换澄清池，恢复并提高脱硫废水处理能力至20 t/h。

4.6.3 方案比选

4.6.3.1 预处理工艺选择

由于脱硫废水中的悬浮物硬度非常高，重金属、氟离子和COD也超标，必须进行软化处理才能满足后续工段进水要求。预处理的目的主要是去除悬浮物，降低硬度，去除重金属、氟离子和COD等，在满足达标排放要求的基础上，进一步降低各项污染指标，使之符合膜浓缩和蒸发系统的要求。脱硫废水软化处理主要有以下两种方案。

方案 ：石灰 碳酸钠软化 沉淀池 过滤器处理工艺（如图4.10所示）。

首先，化学加药使Ca^{2+}，Mg^{2+}及硅产生沉降，然后用沉淀池做固液分离，沉淀池的上清液自流至重力滤池进行过滤除浊，出水作为膜浓缩处理系统进水。

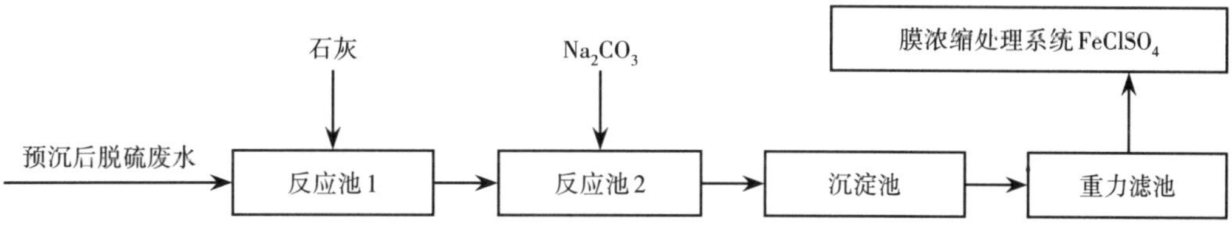

图4.10 石灰–碳酸钠软化–沉淀池–过滤器处理工艺

方案二：氢氧化钠或石灰–碳酸钠软化–管式微滤膜（TMF）处理工艺（如图4.11所示）。

首先，化学加药使Ca^{2+}，Mg^{2+}及硅产生沉降，然后采用错流式管式微滤代替传统的澄清工艺，利用微孔膜对废水中的沉淀物进行分离，达到较好的出水水质，出水进入膜浓缩处理系统进一步处理。

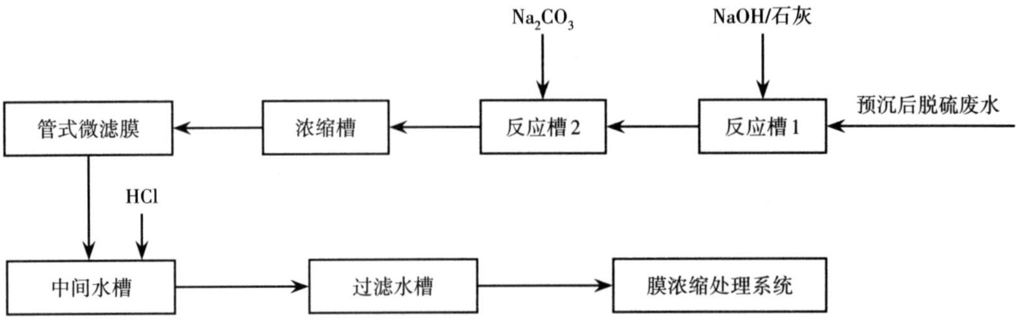

图4.11　氢氧化钠或石灰–碳酸钠软化–管式微滤膜（TMF）处理工艺

表4.17　方案对比

项目	方案一	方案二
除硬原理	通过投加石灰、Na_2CO_3等碱性化学药剂，形成碳酸钙、氢氧化镁等沉淀，同时可去除部分硅及胶体	通过投加氢氧化钠、Na_2CO_3等碱性化学药剂，形成碳酸钙、氢氧化镁等沉淀，同时可去除部分硅及胶体
固液分离原理	通过晶核长大后自然沉降实现固液分离，再经过滤器去除浊度	通过0.1 μm微滤膜在错流模式下进行固液分离，截留化学加药产生的悬浮固体
出水水质	水质稍差，需要经超滤处理方可接膜浓缩系统	非常好，可直接接膜浓缩系统
对水质适应性	对水质适应性广	能耐受很高悬浮物，抗污染性能优良
操作环境	投加石灰，操作环境较差	自动化程度高，操作环境好
占地面积	有沉淀池、过滤器，占地面积较大	无沉淀池，直接过滤，占地面积较小
污泥产量	泥量较大，增加处置费用	泥量较小，处置费用低
技术成熟度	成熟	成熟

通过表4.17可以看出，方案二较方案一工艺流程短、占地面积小、自动化程度高、操作环境好，最重要的一点是出水水质更好，有效地保障膜浓缩系统的运行，优势明显，推荐采用“氢氧化钠（石灰）–碳酸钠软化–管式微滤膜（TMF）处理工艺”作为本项目的脱硫废水预处理工艺。

4.6.3.2　膜浓缩工艺选择

预处理过的脱硫废水经过膜浓缩可以实现减量化，膜处理过程中产生的淡水作为脱硫工艺补水，浓水进入后续蒸发结晶系统。目前，可用于膜浓缩的工艺主要有特殊流道反渗透（DTRO）、碟管式反渗透（DTRO）、正渗透（RO）、高效反渗透（HERO），针对本项目各种膜工艺的比较如表4.18所列。

表4.18　方案对比

项目	特殊流道反渗透（DTRO）	碟管式反渗透（DTRO）	高效反渗透（HERO）	正渗透（RO）
膜的型式	卷式	碟片式	常规反渗透膜	正渗透专用膜
适用水质	适用于高盐废水浓缩处理	适用于高COD、高盐废水的浓缩处理	适用于低含盐量废水的浓缩减量回收	适用于高浓度废水减量处理
抗污堵性	较好	最好	最差	一般
最高运行压强	8.3 MPa	7.5 MPa，9 MPa 12 MPa，16 MPa	8.3 MPa	5 MPa
技术成熟度	成熟，案例很多	成熟，案例很多	成熟，案例较多	不成熟，案例很少
单只产水量	高	一般	最高	最低
运行维护	工艺流程短，运行维护简单	工艺流程短，运行维护简单	预处理流程很长，维护困难	预处理流程长，尤其是正渗透汲取液提纯属于化工范畴，技术为国外掌握，运行维护难度大
工程造价（浓缩段）	吨水投资60万元左右，最低	吨水投资70万元左右，一般	吨水投资95万元左右，高	吨水投资120万元左右，最高
运行能耗	最低	一般	高	最高

综上，DTRO膜浓缩工艺相对于其他几种工艺在满足使用要求的情况下在工程造价、运行能耗及运行维护方面均有优势，特别是针对于脱硫废水TDS含量高、含有一定的有机物。采用DTRO膜浓缩工艺后，可将废水量由20 t/h减量至6.0～7.5 t/h，大大降低了蒸发结晶运行费用。

4.6.3.3　蒸发结晶工艺选择

（1）常规工艺。

经膜浓缩处理后产生的浓水含盐量非常高，近8万～10万mg/L，主要以氯化钠和硫酸钠为主，需要对该浓水进行蒸发结晶处理，方可实现不外排。目前，国内主要有低温多效（MED）和机械压缩再循环（MVR）两种蒸发方式，其特点对比如表4.19所列。

表4.19 方案对比

项目	低温多效蒸发（MED）	机械压缩再循环蒸发（MVR）
适用范围	可蒸发浓度较高的溶液，对于黏度较大的物料也适用，但不适合易结垢物料	可蒸发浓度较高的溶液，对于黏度较大的物料也适用，但不适合易结垢物料
特点	热利用率高，传热系数大，蒸发速度快，物料可以浓缩到较高的浓度；消耗蒸汽	热利用率高，传热系数大，蒸发速度快，物料可以浓缩到较高的浓度；消耗电能
运行可靠性	较稳定，管束有结垢，平均半年需清洗一次	较稳定，管束结垢少，半年到一年需清洗一次
设备投资	较MVR低10%～15%	较MED高
蒸汽消耗	每吨水0.4吨（三效）	启动时少量蒸汽
电耗	每吨水15～20 kW	每吨水45～50 kW
占地面积	较大	较小
控制方式	半自动	自动
维护强度	较高	高
技术成熟度	高	高
设备国产化率	高（100%）	较高，关键设备进口
运行情况	有	有

（2）低温常压蒸发设备（CWT）。

CWT技术是在密闭容器内模拟气象系统，常压低温（低于水沸腾温度）运行，能达到工业蒸发器要求。此“气象系统”的工作原理与自然气象系统中的水蒸发及降雨循环相似。当相对湿度低于100%的气流穿过海洋上方时能吸收水分，但不吸收污染物（如盐类）。当气流穿过高山或冷气流时会冷凝，因不能继续保持原有水分，最终生成降水或降雪。

废水首先经过换热器被加热至一定温度（50～80 ℃），然后进入蒸发室，从蒸发室顶部喷洒而下，液滴表面的水分被蒸发形成水蒸气，在风的作用下被移至冷凝系统，含有饱和水蒸气的热空气与冷凝系统内从顶部喷洒下来的冷水（20～50 ℃）相遇，并重新凝结成水滴，从而产生净水并被输送至系统外。经蒸发后的废水浓度不断升高，最终达到饱和，达到饱和溶解度的盐从溶液中析出形成固体颗粒，并通过固液分离器，实现固体与溶液的最终分离。系统中采用热泵压缩机组在制备冷凝系统所需冷水的同时，将水中的热量转移用来加热原废水，从而实现系统内部能量的循环利用。

CWT技术与常规的多效蒸发技术比较如表4.20所列。

表4.20　方案对比

	多效蒸发	CWT
技术原理	利用溶液在不同压力下沸点不同的物理属性，把高压蒸发出来的蒸汽作为下一低压状态下溶液的热源，依此类推实现蒸汽潜热的多次利用	在一密闭环境内模拟自然降雨现象。当气体在常温常压设备内循环时，气流在蒸发室内加热并吸收水分，然后在冷凝室内凝结成纯水，产生类似自然降雨的现象
设备组成	蒸发罐、热交换器、循环泵、真空泵、真空系统、预热器、蒸馏液输送泵等	蒸发冷凝系统、换热器、热泵系统、固液分离器、循环泵、自控系统等
结垢和堵塞	较严重。在蒸发器上易发生结垢问题。即使发生一定程度的结垢，设备也可以继续使用，但能耗增加	轻微。主要发生在换热器上。如有需要，可以进行适当冲洗
结晶器的使用	需要。多效蒸发器只能产生浓缩液，需要另配结晶器	不需要。蒸发结晶一体化设备。除非对结晶的晶体有较高要求
挥发气体影响	较大，影响出水水质和蒸发器运行稳定性	较小，影响出水水质
清洗难易程度	较难。对于列管蒸发器清洗不易，需要停机清洗	容易。结垢主要发生在换热器上，容易拆卸，可以无需停机清洗
设备清洗周期	一般5～15天，如果进水水质的结垢倾向很高，需要更短的清洗周期	一般3～6个月。如果进水水质的结垢倾向很高，需要更短的清洗周期
冷却水使用	需要，消耗量较大	不需要
进水水质要求	较大。对COD和TDS有很高的要求，不易处理含有较高硬度、重油等高结垢倾向的污水	无
占地面积	较小	较大，但是高度较低，可以多层放置
安全保障	较差。高温热源和真空设备	较好。低温常压运行

综上，MED，MVR和CWT均可用于蒸发结晶，MED造价最便宜，但综合能耗MVR更节省，CWT设备占地面积较大。

上述蒸发结晶方式在废水不外排项目中均有应用案例，本项目可根据高压反渗透系统浓水水质情况深入设计，并综合投资费用、运行成本、维护方式、使用寿命等因素选择适合的工艺。因此，结合目前投运业绩及运行成本等考虑，本项目暂拟推荐采用综合能耗更占一定优势的机械压缩再循环蒸发（MVR）技术。

4.7 工程设想

4.7.1 工程汇总

结合全厂水资源规划分析，经过处理设备现状分析，本项目全厂废水综合治理工程的分项工程组成如表4.21所列。

表4.21 全厂废水综合治理工程分项工程表

序号	项目名称	工程性质	工程包括的主要内容
1	含煤废水处理工程	技改	① 翻车区和煤场周围半小时初期雨水收集，半小时后雨水溢流至雨水管网外排； ② 扩容翻车区含煤废水初沉池不低于550 m^3； ③ 增设一套含煤废水一体化处理装置20 t/h； ④ 煤场沉淀池增设抓斗，更换煤水泵，沉淀池周边场地硬化作为临时煤泥堆放场地； ⑤ 改造现有#4煤场沉淀池作为清水池，以缓冲煤场喷淋水，保证含煤废水系统连续稳定运行； ⑥ 其他零星工程
2	生活污水处理系统	新建	① 现有设施拆除； ② 在原有基础上更换生活污水处理设施，设施设计出力为2×25 m^3/h； ③ 使经处理后的生活污水进入循环冷却水旁流处理的机加池，彻底解决生活污水零排放，实现污水资源化回用
3	脱硫废水深度处理工程	技改	① 现有处理系统改造工程，提高出力，提高脱硫废水的控制自动化水平； ② 脱硫废水属于高含盐量、腐蚀强的废水，无法通过正常途径进行复用，需进行深度处理，可分步实施，首先修复现有脱硫工艺加以“氢氧化钠-碳酸钠软化-管式微滤膜（TMF）处理工艺”实现脱硫废水达标排放，设计出力为1×20 m^3/h； ③ 在上述基础上，使用膜浓缩与蒸发结晶的工艺实现脱硫废水的不外排目标
4	循环水排水处理回用工程	新建	① 建设场地平整； ② 新建循环冷却塔排水废水处理，设计出力为4×150 m^3/h（3运1备），收集系统将循环冷却塔排水经新废水回用处理系统，使其产水达到一级除盐水标准，浓水补充脱硫工艺水； ③ 建回收利用管道，浓水用于脱硫工艺用水
5	含氨废水	新建	① 改造含氨废水管道至机组集水槽
6	事故应急池	新建	① 按规范要求增设事故应急池； ② 事故应急池排水至中水预处理系统和工业废水处理系统管道
7	其他	技改	① 主厂房内污水管道修复

4.7.2 循环水排水回用工艺设计方案

4.7.2.1 循环水排水回用工艺说明

（1）超滤系统的工作原理与工艺特征。

超滤的基本原理：在常温下以一定压力和流量，利用不对称微孔结构和半透膜介质，依靠膜两侧的压力差作为推动力，以错流方式进行过滤，使溶剂及小分子物质通过，大分子物质和微粒子（如蛋白质、水溶性高聚物、细菌等）被滤膜阻留，从而达到分离、分级、纯化、浓缩目的的一种新型膜分离技术。

超滤过程：在压力作用下，料液中含有的溶剂及各种小的溶质从高压料液侧透过滤膜到达低压侧，从而得到透过液或称为超滤液；而尺寸比膜孔径大的溶质分子被膜截留成浓缩液。超滤（ultrafiltration）膜技术能从周围含有微粒的介质中分离出10～100 Å的微粒，这个尺寸范围内的微粒，通常是指液体内的溶质。

超滤特点：超滤属于压力驱动型膜分离过程，超滤膜的分离范围为相对分子质量500～100万的大分子物质和胶体特质，相对应粒子的直径为0.005～0.100 μm；分离机理一般认为是机械筛分；超滤膜组件有板式、卷式、管式、毛细管式及中空纤维等形式的过滤方式。

与传统分离方法相比，超滤技术具有以下特点。

① 超滤过程是在常温下进行，条件温和无成分破坏，因而特别适宜对热敏感的物质，如药物、酶、果汁等进行分离、分级、浓缩与富集。

② 超滤过程不发生相变化，无需加热，能耗低，无需添加化学试剂，无污染，是一种节能环保的分离技术。

③ 超滤技术分离效率高，对稀溶液中微量成分的回收、低浓度溶液的浓缩均非常有效。

④ 超滤过程仅采用压力作为膜分离的动力，因此分离装置简单、流程短、操作简便、易于控制和维护。

⑤ 超滤产水的$SDI<3$，能够有效地保护后续的反渗透膜。

（2）反渗透系统的工作原理与工艺特征。

① 渗透及渗透压。渗透现象在自然界是常见的，用一个只有水分子才能透过的薄膜将一个水池隔断成两部分，在隔膜两边分别注入纯水和盐水到同一高度。过一段时间就会发现纯水液面降低了，而盐水液面升高了。水分子透过这个隔膜迁移到盐水中的现象叫作渗透现象。盐水液面升高不是无止境的，到了一定高度就会达到一个平衡点。这时隔膜两端液面差所代表的压力被称为渗透压。渗透压的大小与盐水的浓度直接相关。

②反渗透现象和反渗透净水技术。在以上装置达到平衡后，在盐水端液面上施加一定压力，此时，水分子就会由盐水端向纯水端迁移。液剂分子在压力作用下由稀溶液向浓溶液迁移的现象被称为反渗透现象。将盐水加入以上设施的一端，并在该端施加超过该盐水渗透压的压力，就可以在另一端得到纯水。这就是反渗透净水的原理。

反渗透设施生产纯水的关键有两个，一是有选择性的膜，即半透膜；二是一定的压力。简单地说，反渗透半透膜上有众多的孔，这些孔的大小与水分子的大小相当，由于细菌、病毒、大部分有机污染物和水合离子均比水分子大得多，因此不能透过反渗透膜与透过反渗透膜的水分离。在水中众多种杂质中，溶解性盐类是最难被清除的。

反渗透装置结构紧凑、安装简单、操作简便、能耗低，可在常温下操作，易于工业化生产。制膜技术的关键是选择最佳材料，使其适于大规模工业化生产。孔的尺寸也是重要因素，小到最小的细菌和病毒都无法通过，才能保证水的纯净。20世纪80年代发明的复合膜，由超薄反渗透膜、多孔支撑层、织物增强自叠加而成，透水量极大，除盐率高，是理想的反渗透膜。反渗透膜在分离小分子有机化合物时也特别有效，因此在有机化工、酿造工业、“三废”处理等领域也得到了很好的应用。

4.7.2.2　循环水排水回用工艺设计

（1）工艺流程（见图4.12）。

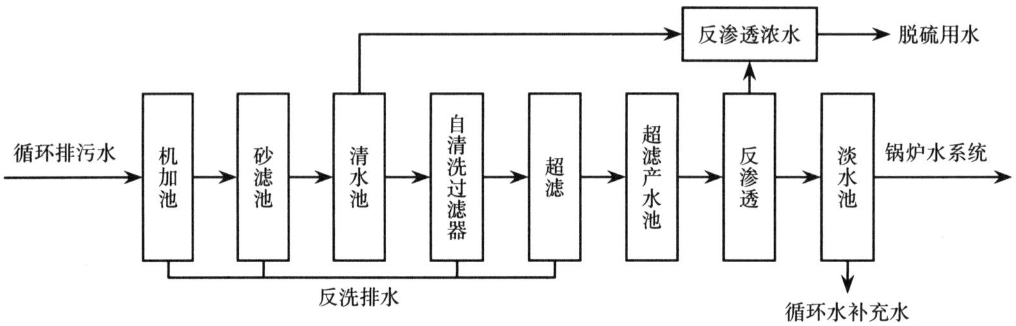

图4.12　工艺流程框图

由于循环排污水中含有阻垢剂、杀菌剂等，水暂硬较高、含盐量高、水质成分复杂，结合本工程的实际情况，循环水排污水先进入新增机械加速澄清池，加入石灰降低水质硬度和含盐量，减少排污水对后续浓缩膜的影响。

考虑机械加速澄清池检修需要，本次改造在循环水旁路处理机械加速澄清池后的砂滤池出口增加管道至清水池，作为新增预处理系统的备用。

两台机循环水排污水收集进入新增机械加速澄清池，加入石灰软化处理，进入砂滤池去除水中的悬浮类污染物，过滤后的净水进入清水池。清水经泵提升进入自清洗过滤器、超滤及反渗透系统，去除水中的绝大部分盐分。反渗透系统产生的淡水，一部分可作为循环水的补充水，另一部分进入现有除盐水系统处理，作为现有锅炉水系统进水。

经过本系统处理后的淡水，含盐量几乎为0，出水电导率（理论计算值）约为10 μS/cm，作为现有锅炉补给水系统的进水，从而减少原水的用量。多余的淡水返回循环水前池，不仅能够减少中水补水量，而且能够改善现有循环水的离子含量，为日后机组提高浓缩倍率作准备。

同时，电厂由纯凝机组改造为供热机组后，化学补水除盐水需增加处理约70 t/h，本次改造后，经超滤反渗透后清水箱出水增设旁路直接至现有阴阳床离子交换系统，处理后作为化学补水，产能能够满足要求。

由于本工程采用循环水排污水，含盐量较高，考虑到反渗透膜的运行负担和结垢影响，本次反渗透淡水回收率按照60%考虑，同时超滤反渗透膜的选择需考虑到生物污染。

（2）本装置主要性能参数及设计参数。

超滤装置回收率不小于90%

超滤装置出水$SDI \leqslant 3.0$（运行三年后）

超滤装置出水浊度不大于0.4 NTU

超滤装置膜通量不大于50 L/（$m^2 \cdot h$）

反渗透装置膜通量：21.78 L/（$m^2 \cdot h$）

设计产水率：60%

反渗透设计装置4套（3运1备）

反渗透装置单套设备设计出力（15 ℃）不小于110 m^3/h

反渗透装置脱盐率（一年内）不小于98%

反渗透装置脱盐率（三年后）不小于95%

反渗透装置回收率不小于60%（运行三年后）

主要工艺单元设计：

① 机械加速澄清池：一座，处理水量500 m^3/h。

② 砂滤池：2台，处理水量500 m^3/h。

③ 清水池：一座，钢筋混凝土形式，有效容积500 m^3；配超滤进水泵，卧式离心泵4台（3用1备），流量150 m^3/h，扬程30 m，功率30 kW；配反渗透浓水池供水泵，卧式离心泵2台（1用1备），流量190 m^3/h，扬程20 m，功率18.5 kW；配过滤器反洗水泵，卧式离心泵2台（1用1备），流量250 m^3/h，扬程20 m，功率37 kW；配超声波液位计1台，测量范围为0～5 m。

④ 超滤装置4套，外压式，PVDF材质，设计流量150 m^3/h（单套），膜通量不大

于50 L / （m^2·h），膜组件60支（单套），单支反洗气强度8.5 N·m^3/支·h，反洗水强度125 L / （m^2·h），膜保质期3年，使用寿命5年。

表4.22　超滤膜参数表

项目		技术参数	备注
膜参数	膜孔径	0.1 ~ 0.2 μm	
	膜材质	PVDF	
	使用寿命	5年	
	反洗水通量及水压力	80 L/（m^2·h），0.2 MPa	
	气洗通量要求及压力	5L/（m^2·h），5MPa	
进水要求	水温	5 ~ 40 ℃	
	pH值	3 ~ 10	
	浊度（mg/L）或（NTU）	<5	
	游离余氯（Cl_2）	$<1\times10^{-3}$mg/L	
出水水质保证	*SDI*保证值	≤2	
	COD去除率	≤30%	
	浊度（mg/L）或（NTU）	<0.5 NTU	
	水回收率	≥90%	含自清洗过滤器
	过滤周期	≥30 min	
	反洗总历时	≤2 min	
	化学清洗周期	≥30 d	

配自清洗过滤器4台，材质为碳钢防腐，流量为150 m^3/h，压力为0.30 MPa；2台反洗水泵（1用1备）、化学清洗装置1套。超滤系统维护性清洗加药装置5套，次氯酸钠加药装置、酸加药装置各1套并配置次氯酸钠储罐、酸储罐各2台（每台10 m^3），次氯酸钠卸料泵、酸卸料泵各1台。

超滤反洗风机：罗茨风机2台（1用1备），流量7.5 Nm^3/min，升压80 kPa，功率22 kW。

超滤化学清洗水泵：卧式离心泵1台，流量100 m^3/h，扬程30 m，功率15 kW。

化学清洗水箱（含保安过滤器1台）：有效容积5 m^3，材质为钢衬胶，电加热功率30 kW。

次氯酸钠储罐：2台，单台容积15 m^3，材质为钢衬胶。

次氯酸钠卸料泵：1台，流量15 m^3/h，扬程15 m，功率5.5 kW。

原水次氯酸钠加药装置：1套（2箱2泵），投加量10%次氯酸钠液体，计量箱容积2 m^3，配隔膜计量泵Q=50 L/h，H=700 kPa，N=0.25 kW。

超滤反洗次氯酸钠加药装置：1套（与原水次氯酸钠加药装置共用计量箱），投加量10%次氯酸钠液体，隔膜计量泵Q=1800 L/h，H=300 kPa，N=0.75 kW。

酸储罐：2台，单台容积15 m^3，材质为钢衬胶。

酸卸料泵：1台，流量15 m^3/h，扬程15 m，功率5.5 kW。

超滤反洗酸加药装置：1套（2箱2泵），投加量31%盐酸，计量箱容积1 m^3，隔膜计量泵Q=580 L/h，H=500 kPa，N=0.55 kW。

碱储罐：2台，单台容积15 m^3，材质为钢衬胶。

碱卸料泵：1台，流量15 m^3/h，扬程15 m，功率5.5 kW

超滤反洗碱加药装置：1套（2箱2泵），投加量30%氢氧化钠，计量箱容积1 m^3，隔膜计量泵Q=300 L/h，H=500 kPa，N=0.55 kW。

⑤ 超滤产水池：1座，钢筋混凝土形式，有效容积1000 m^3。

配超滤反洗水泵（变频），卧式离心泵，2台（1用1备），流量360 m^3/h，扬程30 m，功率55 kW。

配反渗透供水泵，卧式离心泵，3台（2用1备），流量135 m^3/h，扬程30 m，功率30 kW。

配超声波液位计1台，设备参数0～5 m。

⑥ 反渗透系统：反渗透装置设置4套，每套配置给水泵、保安过滤器、高压泵，4套反渗透装置共用1台冲洗水泵及1套化学清洗装置（与超滤共用），配置阻垢剂加药装置、还原剂加药装置。

反渗透保安过滤器，设置4台，单套设计产水量81 m^3/h，直径×壁厚（600 mm×5 mm），精度5 μm，材料为碳钢衬胶，设计压力0.6 MPa。

反渗透高压泵：卧式离心泵4台（3用1备），流量135 m^3/h，扬程120 m，功率75 kW，变频控制。

反渗透装置4套，单套产水量81 m^3/h，排列方式一级二段式，滑架材质为碳钢防腐；反渗透材质为聚丙烯酰胺；膜元件规格203.2 mm；设计产水率60%；设计膜通量21.9 L/（m^2·h）；单支膜面积37 m^2；单套膜元件数量100支；压力容器材质。

反渗透装置选用低压抗污染复合膜，膜排列方式为一级二段，膜原件设计通量按照陶氏《陶氏膜元件系统设计导则》设置。反渗透装置的给水加药种类及加药点，化学清洗液的选择根据给水水质和所选用反渗透装置膜组件的特性确定。产品水母管上装设爆破膜、电动排放阀、止回阀。

反渗透化学清洗水泵：卧式离心泵1台，流量120 m^3/h，扬程30 m，功率15 kW。

阻垢剂加药装置：1套（2箱2泵），性能参数：投加3×10^{-6}阻垢剂，计量箱容积1 m^3，隔膜计量泵：Q=4.5 L/h，H=700 kPa，N=0.25 kW。

还原剂加药装置：1套（2箱2泵），投加5×10^{-6}还原剂，计量箱容积1 m^3，隔膜计量泵Q=4.5 L/h，H=700 kPa，N=0.25 kW。

⑦ 淡水池1座，钢砼结构形式，有效容积530 m^3。

配循环水补水泵（根据自用水），卧式离心泵3台（2用1备），流量75 m^3/h，扬程20 m，功率11 kW；配锅炉水补水泵，卧式离心泵，2台（1用1备），流量120 m^3/h，扬程50 m，功率37 kW；配反渗冲洗泵，卧式离心泵，1台，流量150 m^3/h，扬程20 m，功率18.5 kW，配超声波液位计1台，设备参数0～5 m。

⑧ 浓水池：1座，钢砼结构形式，有效容积400 m^3。

配浓水提升泵，卧式离心泵，2台（1用1备），流量240 m^3/h，扬程50 m，功率75 kW；配超声波液位计1台，设备参数0～5 m。

4.7.2.3 循环水排水回用工艺设备清册（见表4.23）

表4.23 循环水排水回用工艺设备清册

序号	名称	规格型号	单位	数量	备注
1	机械加速澄清池	Q=500 m^3/h	台	1	
2	砂滤池	Q=500 m^3/h	台	2	
3	清水池				
3.1	超滤进水泵	Q=150 m^3/h，H=0.3 MPa，N=30 kW	套	4	3用1备
3.2	反渗透浓水池进水泵	Q=190 m^3/h，H=0.2 MPa，N=18.5 kW	套	2	1用1备
3.3	过滤器反洗水泵	Q=250 m^3/h，H=0.2 MPa，N=37 kW	套	2	1用1备
4	超滤装置				
4.1	超滤装置	Q=150 m^3/h，膜通量不大于50 L/（m^2·h）	套	4	含膜组件60支（3用1备）
4.2	超滤反洗风机	罗茨风机Q=7.5 Nm^3/min，H=80 kPa，N=22 kW	台	2	（1用1备）
4.3	自清洗过滤器	Q=142 m^3/h，H=0.3 MPa	台	2	碳钢防腐
4.4	超滤化学清洗水泵	卧式离心泵，Q=100 m^3/h，H=30 m，N=15 kW	台	1	
4.5	化学清洗水箱	有效容积5 m^3，材质为钢衬胶，N=30 kW	套	1	（含保安过滤器1台）

表4.23（续）

序号	名称	规格型号	单位	数量	备注
4.6	次氯酸钠储罐	单台容积15 m^3，材质为钢衬胶	台	2	
4.7	次氯酸钠卸料泵	Q=15 m^3/h，H=15 m，N=5.5 kW	台	1	
4.8	原水次氯酸钠加药装置	含计量箱容积2 m^3，配隔膜计量泵Q=50 L/h，H=700 kPa，N=0.25 kW	套	1	含2箱2泵
4.9	超滤反洗次氯酸钠加药装置	隔膜计量泵Q=1800 L/h，H=300 kPa，N=0.75 kW	套	1	与原水次氯酸钠加药装置共用计量箱
4.10	酸储罐	单台容积15 m^3，材质为钢衬胶	台	2	
4.11	酸卸料泵	Q=15 m^3/h，H=15 m，N=5.5 kW	台	1	
4.12	超滤反洗酸加药装置	含计量箱容积1 m^3，隔膜计量泵Q=580 L/h，H=500 kPa，N=0.55 kW	套	1	含2箱2泵
4.13	碱储罐	单台容积15 m^3，材质为钢衬胶	台	2	
4.14	碱卸料泵	Q=15 m^3/h，H=15 m，N=5.5 kW	台	1	
4.15	超滤反洗碱加药装置	计量箱容积1 m^3，隔膜计量泵Q=300 L/h，H=500 kPa，N=0.55 kW			含2箱2泵
5	超滤产水池				
5.1	超滤反洗水泵	Q=360 m^3/h，H=30 m，N=55 kW	台	2	1用1备
5.2	配反渗透供水泵	卧式离心泵Q=135 m^3/h，H=30 m，N=30 kW	台	4	3用1备
6	反渗透系统				
6.1	反渗透保安过滤	Q=135 m^3/h，直径×壁厚（600 mm×5 mm），精度：5 μm，材料为碳钢衬胶，N=0.6 MPa	台	4	
6.2	反渗透高压泵	卧式离心泵Q=135 m^3/h，H=120 m，N=75 kW，变频控制	台	4	3用1备
6.3	反渗透装置	单套产水量81 m^3/h，排列方式一级二段式	套	4	3用1备
6.4	反渗透化学清洗水泵	卧式离心泵，Q=120 m^3/h，H=30 m，N=15 kW	台	1	
6.5	阻垢剂加药装置	计量箱容积1 m^3，隔膜计量泵Q=4.5 L/h，H=700 kPa，N=0.25 kW	套	1	2箱2泵
6.6	还原剂加药装置	计量箱容积1 m^3，隔膜计量泵Q=4.5 L/h，H=700 kPa，N=0.25 kW	套	1	2箱2泵

表4.23（续）

序号	名称	规格型号	单位	数量	备注
7	淡水池				
7.1	循环水补水泵	卧式离心泵，Q=75 m^3/h，H=20 m，N=11 kW	台	3	根据自用水2用1备
7.2	配锅炉水补水泵	卧式离心泵Q=120 m^3/h，H=50 m，N=37 kW	台	2	1用1备
7.3	配反渗冲洗泵	卧式离心泵Q=150 m^3/h，H=20 m，N=18.5 kW	台	1	
8	浓水池				
8.1	配浓水提升泵	卧式离心泵Q=240 m^3/h，H=50 m，N=75 kW	台	2	1用1备

4.7.3 含煤废水系统工艺设计

4.7.3.1 煤场区域改造内容

（1）收集系统改造。

煤场雨污收集系统不完善，原有雨污收集沟也不合理，本方案针对上述存在问题进行改造。

沿煤场四周设雨污水收集环沟，将煤场含煤废水与场区周边雨水分流，煤场环沟设置形式参照煤场南侧已改造完的运煤通道。煤场内侧环沟宽0.5 m，深0.4 m，环沟总长约500 m。下雨天，雨水冲洗煤场产生的含煤废水、煤场降尘产生的含煤废水及道路冲洗含煤废水进入污水收集环沟，比重较大的煤颗粒被截留在沟内，当煤层积累到一定量，定期人工下沟清理，而污水则自流进入煤场东边南北侧的2个沉淀池内，进行预沉淀。

污水收集沟外设雨水收集沟，沟宽0.4 m，深0.6 m。将煤场雨水拦截，日常采用盖板将雨水入口盖住封闭，不让日常道路冲洗的含煤废水进入雨水管网，下雨天待沉淀池收集半小时降雨初期的含煤废水后，将雨水口盖板打开，使煤场区域雨水进入雨水管网排放。

（2）沉淀池改造。

煤场东侧南北边各设有一个煤水沉淀池，外形尺寸约为20 m（长）×10 m（宽）×10 m（深），有效容积为1800 m^3。该沉淀池原设计为单体沉淀池，后未提高初沉淀效果，末端加建隔墙。

该沉淀池未设置煤泥抓斗，导致沉淀池底部排煤泥不及时，沉淀池悬浮物初沉降效果差，本次改造在每个沉煤池上部设计一个抓泥斗，配导轨，同时对沉淀池西侧空地进行硬化处理，作为煤泥晾干堆料场地。煤水一体化处理装置入口调节池增设煤泥抓斗，便于运行、清泥。

沉淀池加装抓斗式行车基础设计时考虑不得影响沉淀池基础，也不得太靠近煤场挡煤墙（需留足够空间建干煤棚基础）。

沉淀池增设微孔陶瓷滤砖进行过滤，过滤后的含煤废水提升至厂区的取水沉淀池。

（3）回用水池改造。

由于煤场喷淋用水非连续运行，导致含煤处理装置清水箱经常满箱，因而影响含煤废水处理装置的连续运行，本次改造利用现有的#4煤泥沉淀池，改造为回用水池，含煤废水处理后，清水输送至回用水池，配到增设水泵，通过回用水池缓冲后供煤场喷淋，避免含煤废水处理系统频繁起停。当雨季煤场不需要喷淋时，收集的煤场废水经含煤废水处理系统处理后的废水可储存于回用水池。

回用水池配回用水泵，自吸泵3台（2用1备），流量240 m^3/h，扬程50 m，功率90 kW；配超声波液位计1台，设备参数0～5 m；配1台0～60 m^3/h流量计，1台0～240 m^3/h流量计。电控设备、管道敷设及安装设备各1套。

（4）含煤废水处理系统。

由于翻车机区增加含煤废水收集系统后，含煤废水处理能力需要提高，原设计2套含煤废水一体化处理装置处理煤场4万m^2面积下收集的煤水，增加翻车区2万m^2面积下收集的煤水后，增设1套出力20 t/h的含煤废水一体化处理装置，提高含煤废水处理系统出力。

（5）其他改造。

由于前期采用脱硫废水作为含煤废水补水，导致沉淀池输水泵叶轮腐蚀，煤场喷洒喷嘴腐蚀，本次改造配套更换4台沉淀池输水泵，采用高位液下泵，便于运行中检修维护，同时对喷嘴进行更换。

4.7.3.2 翻煤区域改造内容

（1）收集系统改造。

要实现翻车机区雨污分流十分困难，本次改造考虑在燃煤运输铁路两边东西侧增设含煤水集水沟，作为该区主废水排水沟，将整个翻煤区的含煤雨水、含煤冲洗水引接入改造后的沉淀池。

翻车机区废水收集系统改造主要工作是开收集沟，环沟宽0.5 m，深0.4 m，环沟总长约400 m。开挖雨水沟宽0.6 m，深0.7 m，沟长200 m，连通改造后的煤水沉淀池至翻车区东侧的雨井口，下雨天待沉淀池收集半小时降雨初期的含煤废水后，使翻煤场区域雨水进入雨水管网排放。

（2）沉淀池改造。

翻煤区现有一个简易含煤废水沉淀池，外形尺寸约为10 m（长）×6 m（宽）×4 m（深），有效容积为200 m^3，容积不满足改造后运行要求，需对现有沉淀池进行扩容改造，改造为20 m（长）×10 m（宽）×5 m（深）。

配置煤泥抓斗，设置提升泵将翻煤区含煤废水输送至煤场沉淀池后统一处理。

① 提升泵。

功能：将废水从沉淀池输送到煤场沉淀池。

选型要求：耐磨，防阻塞，运行稳定。

设计参数：功率37 kW，流量200 m^3/h，扬程30 m，数量2台。

控制：浮球液位控制，现场手动控制。

② 沉淀池。

功能：收集翻车机区含煤废水，便于提升泵提升。

沉淀池设计参数：

平面尺寸：20 m（长）×10 m（宽）×5 m（深）；

有效容积：1000 m^3；1座，混凝土结构。

配超声波液位计1台，设备参数0 ~ 5 m；配流量计1台，流量计0 ~ 240 m^3/h。电控设备、管道敷设及安装设备各1套。

4.7.3.3 含煤废水回用工艺设备清册（见表4.24）

表4.24 含煤废水工艺设备清册

序号	名称	规格型号	单位	数量	备注
1	含煤废水一体化处理装置	20 t/h	套	1	
2	煤水沉淀池	改造			含翻煤区
2.1	门式抓斗	起吊重量5 t	台	4	
2.2	提升泵	Q=200 m^3/h，H=0.3 MPa，N=37 kW	台	2	1用1备
3	回用水池				改造
3.1	回用水泵	Q=240 m^3/h，H=0.5 MPa，N=90 kW			2用1备
4	微孔陶瓷过滤砖		套	1	
5	管道阀门		套	1	

4.7.4　生活污水回用工艺设计

4.7.4.1　生活污水回用工艺说明

为保证改造技术成熟可靠，充分利用现有设备，降低改造投资，同时考虑实际运行可靠性，提高运行便捷性，减少维护量，本次生活污水处理系统在原有设施基础上进行更换改造，同时将原来的地埋式一体化设备改造为地上式。设计处理能力由原先的20 t/h提高至25 t/h。

生活污水处理后，一路输送至中水预处埋系统机械加速澄清池内，作为循环冷却水补水，一路接入绿化系统作为夏季绿化用水。

4.7.4.2　生活污水回用工艺设计

（1）工艺流程（如图4.13所示）。

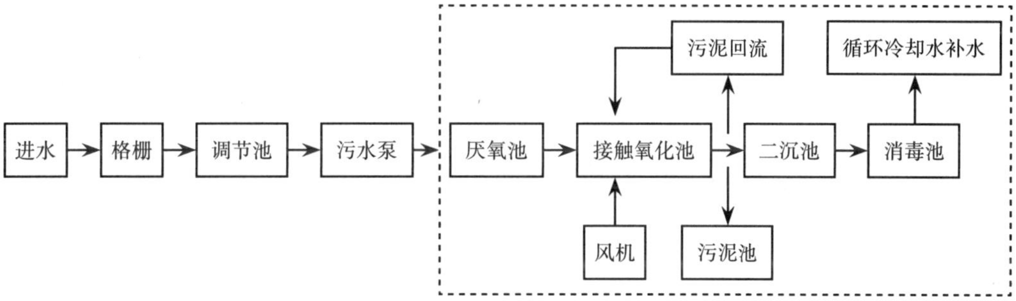

图4.13　现有生活污水工艺流程框图

生活污水经调节池后，通过潜污泥泵提升，在混合器内与药剂混合后再进入初沉池。初沉池上部安装有斜管填料，起固液分离过程的沉淀作用，将水中难降解的大分子有机物分解成容易生化降解的小分子物质。初沉池的出水通过水泵输入生物曝气滤池，去除污水中的含碳有机物和绝大部分的氨氮后，进入砂滤器过滤，之后进入消毒池，加氯消毒后可作为循环冷却水补充水和绿化用水。

（2）主要工艺单元设计。

现有回转式机械格栅清污机消缺改造：耙齿式固液分离机，设计流量25 m^3/h，栅条距20 mm，转速2.0 r/min，格栅高度4 m（暂定），格栅倾角75°。

原地埋式水池改造为初沉池。

曝气生物滤池：单台处理能力不低于25 m^3/h，设备化布置于初沉池上部，过滤器直径4.5 m，过滤速度1.88 m/h，反冲洗水量5 ~ 6 $L/(m^2 \cdot s)$。

曝气风机利旧，4台（2用2备），设备参数：Q=4.11 m^3/min，H（H_2O）=5 m，N=

5.5 kW。

杀菌剂加药装置：1套（1箱2泵），储药箱容积5 m^3，隔膜计量泵Q=2.25 L/h，H=700 kPa，N=0.25 kW。

4.7.4.3 生活污水回用工艺设备清册（见表4.25）

表4.25 生活污水回用工艺设备清册

序号	名称	规格和型号	单位	数量	备注
1	回转式机械格栅清污机	QGC-1000×4000/20	套	1	消缺
2	曝气生物滤池	处理能力25 m^3/h	套	2	
3	砂滤器	处理能力25 m^3/h	座	2	
4	风机	4.11 m^3/min	台	4	利旧，风管更换
5	污水提升泵	65WQ25-15-2.2	台	4	更换
6	污泥提升泵	50WQ15-15-1.5	台	4	更换
7	回用水泵	Q=30 m^3/h，H=0.25 MPa，N=5.5 kW	台	2	1用1备
8	杀菌剂加药装置		1	套	
9	溶氧仪	COS3	台	2	利旧
10	流量计	LZD-100	台	2	更换
11	超声波液位计	RISENB-5EM	台	1	利旧
12	连接管路\阀门	配套	套	2	

4.7.5 脱硫废水处理工艺设计

4.7.5.1 脱硫废水回用工艺说明

根据现场调研，原脱硫废水系统设计出力12.5 t/h，全厂水系统规划后，脱硫采用反渗透浓水及部分工业水作为补充水，工艺水中氯离子浓度增加，经核算2台机组脱硫废水将提高至20 t/h，因此本次脱硫废水回用改造需同时考虑消缺和扩容，扩容后脱硫废水出力为20 t/h。

4.7.5.2 脱硫废水回用工艺设计

根据工程经验，脱硫废水悬浮物含量高达15000 ~ 20000 mg/L，悬浮杂质含量过多。导致废水处理系统污泥量偏大，设备、管道、阀门等堵塞严重。

根据现场情况反馈，目前原有设备老化比较严重，“三联箱”易堵；原有加药采用人工加药，不能长期稳定运行；污泥脱水系统板框压滤机滤布进泥，反洗效果不佳，滤板易变形，且故障率较高。

本工程需要对脱硫废水处理系统进行改造，对老化、锈蚀设备进行更换；更换澄清器，更换刮泥机；脱水系统板框压滤机更换进口设备；提高原有加药系统自动化水平。恢复原有脱硫废水处理系统，使其处理能力达到原有设计值。

由于脱硫废水含固量变化较大，实际废水旋流器旋流后含固量达不到原设计值，脱硫废水含固量增加后对后续“三联箱”及废水澄清池表面负荷影响较大，导致澄清池出口清水不满足后续浓缩结晶的要求。

结合本工程实际情况，本次改造保留现有的澄清池，消缺后作为脱硫废水预沉淀池使用，废水旋流器旋流后废水先进入预沉淀池沉淀后，上层清液再进入“三联箱”进行后续处理。

同时增设湿式除尘器冲洗水管道至改造后的澄清池进行预沉淀处理，减少湿除冲洗后水中的细小颗粒对脱硫的运行影响。

4.7.5.3　脱硫废水综合治理回用工艺说明

通过比选，脱硫废水综合治理采用“预处理+膜浓缩+蒸发结晶”的工艺路线。工艺流程见图4.14。

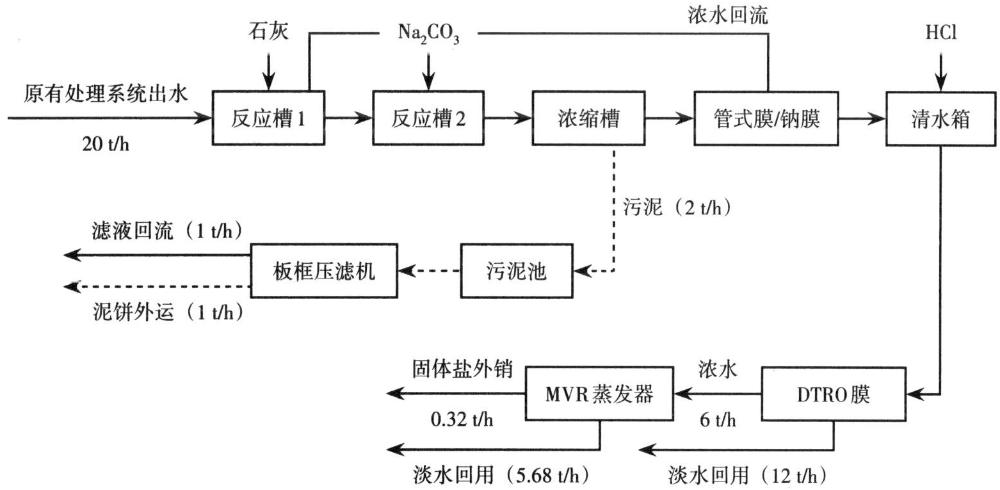

图4.14　脱硫综合治理工艺流程框图

（1）废水系统。

脱硫岛直接将废水送至澄清器（原澄清器修复）自然沉降，上清液进入反应槽1。在反应槽1中添加石灰，使废水中的镁硬和重金属反应生成沉淀物，之后废水进入反应槽2，添加碳酸钠，使废水中的钙硬生成碳酸钙沉淀物，反应后的废水进入浓缩槽，由循环泵送至管式膜过滤，清水加入盐酸后进入清水箱，浓水回流至浓缩槽。清水箱出水由泵送至膜浓缩系统，在DTRO膜的分离作用下，废水中的绝大部分离子分离至浓水中，产生的淡水可回用作脱硫岛工艺补水。浓水进入浓水箱，由泵送至MVR蒸发器，蒸发产生的冷凝水回用作脱硫岛工艺补水，结晶盐外运处理。

（2）污泥系统。

脱硫废水在澄清器中属于自然沉降，未投加药剂，底部污泥可直接送至脱硫岛污泥真空脱水系统。

当浓缩槽中悬浮物达到设定值时，污泥排至污泥池，然后由污泥泵送至板框压滤机进行污泥脱水，压滤液回流至脱硫废水池，泥饼外运处理。

（3）预留纳滤处理系统。

目前，已经应用的脱硫废水蒸发结晶工艺最后结晶形成的盐成分主要为氯化钠和硫酸钠的混盐，工业应用较为困难，更多的是作为一种固废进行处理。

为实现混盐的分离，生产出纯度高的单一盐，可在管式膜处理后增设钠膜分离，现已经过中试，正在进行工业应用示范工程建设。其主要原工艺说明如下。

纳滤也叫低压反渗透，是一种适用于工业软化水处理的压力驱动型膜分离技术，能有效地截留二价及高价态离子，而大部分一价离子能有效透过。

采用“化学加药软化+管式膜过滤（TUF）+纳滤（NF）”的处理工艺，经处理后废水中的悬浮物、钙镁硬度、二氧化硅、氟离子等对膜运行造成污堵的因子均得到高效去除，利用管式超滤膜的高效截留与高透水率作用，将药剂软化形成的微小固体颗粒完全截留，使得废水中的钙镁硬度几乎完全脱除。软化系统出水进入纳滤装置进行一价、二价离子的分离，纳滤产水送往后续的浓缩处理单元。纳滤浓水回流至废水收集池与原水混合后进入软化预处理系统，为防止硫酸根离子在系统内富集，采用投加石灰的方式生成硫酸钙沉淀，使硫酸根从体系内排出，同时，在药剂软化中未完全反应的钙镁离子，可由纳滤膜截留至浓水中，返回至废水池再次处理，极大地降低了后续反渗透膜结垢的风险。投加石灰起到提供氢氧根作用的同时，也提供了去除硫酸根所需的部分钙离子，纳滤透过的一价盐主要为氯化钠溶液，可以送往后端的膜浓缩系统作进一步处理。

脱硫废水经膜强化软化预处理后，废水中硫酸钠、氯化钠所占总含盐量的比例达到95%以上，纳膜可高效截留硫酸盐，从而在产水侧收集得到高纯度的氯化钠溶液。由此经过钠膜的分盐浓缩，杂盐等废弃物质将被大幅度压缩减量，而产水中的氯化钠则可以进入下一步膜浓缩处理单元及蒸发结晶单元，提纯后作为工业原料出售。

纳滤膜投资成本为20万元/吨水，运行费用主要有膜清洗费用和折旧费，膜年平均清洗8次，成本为30元/次，纳滤膜大约3年更换一次。

4.7.5.4 脱硫废水综合治理回用工艺设计

① 澄清器。对现有澄清器进行改造。更换池内刮泥机及中心桶，重新对池内壁进行防腐处理。防腐材料用玻璃钢，厚度为2.5 mm。改造后原澄清器作为预沉淀池使用。

同时根据改造后处理20 t/h的脱硫废水，在废水处理车间侧面再新建一个澄清池，澄清后上层清液输送至废水浓缩蒸发结晶系统。

② 污泥输送泵2台，气动隔膜泵，流量0～10 m^3/h，压力0.6 MPa，材料为聚丙烯，膜片山道橡胶，空气马达铝合金。

③ 反应槽1、反应槽2各1套，设计规模25 m^3/h，由碳钢制成，内面玻璃钢防腐，单槽有效停留时间为30 min，设计压力常压，试验压力为满水漏泄试验

附属设备：pH计1台；搅拌器2台，转速145 r/min，功率0.55 kW，碳钢衬玻璃钢

④ 管式膜浓缩槽：配置专用浓缩罐、浓缩循环泵、污泥供给泵和浓缩槽搅拌器。

• 专用浓缩罐1套，碳钢制成，内面玻璃钢防腐，常压，试验压力为满水漏泄试验。

• 浓缩循环泵2台（卧式离心泵1用1备），Q=110 m^3/h，H=45 m，N=22 kW/380 V。

• 污泥供给泵2台（气动隔膜泵1用1备），铝合金泵壳，橡胶隔膜，Q=8 m^3/h，H=60 m，附属设备：管路阀门1套。

• 浓缩槽搅拌器1台，转速145 r/min，功率1.1 kW，直联式减速机，材质为不锈钢轴桨，附属设备：搅拌机底座。

⑤ 管式超滤膜系统（TUF）：包括管式膜组件和维护性化学清洗装置（3列管式膜共用）。

• 管式膜组件：高压反渗透装置设2套，单套进水10 m^3/h，采用120 bar高压平板膜系统，产水率70%，浓水含盐量约8%。运行方式为错流，最大运行透膜压差0.2 MPa，最大进水压力0.5 MPa，最高进水温度40 ℃，pH值为2～10，工作形式为压力式，过滤周期5～30 min，反洗总历时5～30 s。

• 维护性化学清洗装置（3列管式膜共用）1套，包括2台化学清洗药箱和2台化学清洗水泵。

化学清洗药箱2台，每台0.5 m^3，材质为聚丙烯，设计压力为常压，试验压力满水漏泄试验。

化学清洗水泵2台（气动隔膜泵1用1备），流量8 m^3/h，扬程20 m，材质为PP塑料泵壳。

⑥ 化学加药系统（纯碱）。

• 料仓1座，地上，圆形带锥底，设计规模为15 m^3，材质为碳钢材质，常压，设备附件：料仓集尘器、空气炮、星形卸料机、螺旋输送机。

• 溶解罐1座，材质为碳钢防腐，有效容积6 m^3，设计压力常压，设备附件：4点电缆浮球式液位开关。

• 溶解槽搅拌机1台（直联式减速机），转速63 r/min，功率0.75 kW，材质为不锈钢轴桨，附属设备：搅拌机底座。

• 乳液循环泵2台（气动隔膜泵1用1备），Q=0.5 m^3/h，H=20 m，材质为聚丙烯。

⑦ 化学加药系统（NaOH）。

• 液碱储槽2台（卧式），材质为碳钢防腐，有效容积40 m^3。

• 液碱循环泵2台（气动隔膜泵1用1备），Q=0.5 m^3/h，H=20 m，材质为聚丙烯。

⑧ 化学加药系统（HCl）。

• 盐酸储槽（加药槽）1台（卧式），材质为玻璃钢，有效容积5 m^3。

• 盐酸计量泵2台（机械隔膜计量泵1用1备），Q=0.6 m^3/h，H=0.8 MPa，N=100 W/380 V，材质为PP或PVC，配套设施：pH计。

⑨ 清水箱1台，材质为PE，容积10 m^3。

⑩ 污泥罐1台，材质为PE，容积6.5 m^3。

⑪ 污泥泵2台（气动隔膜泵1用1备），Q=2 m^3/h，H=60 m，材质为聚丙烯。

⑫ 板框压滤机：原压滤机系统改造，更换板框压滤机。

⑬ DTRO增压泵2台（立式离心泵1用1备），Q=20 m^3/h，H=0.3 MPa，材质为过流部件SS316L。

⑭ 保安过滤器1台（立式），过滤精度5 μm，材质为熔喷PP滤芯，外壳SS316L。

⑮ 高压泵1台（卧式柱塞泵），Q=20 m^3/h，H=8 MPa，材质为2507，生产厂家丹佛斯。

⑯ 能量回收装置1台，Q=20 m^3/h，材质为2507，生产厂家丹佛斯。

⑰ DTRO膜组件：单支膜面积25 m^2，材质为聚酰胺，34支，膜通量14 L/(m^2·h)，操作压力90 bar。

⑱ 淡水箱1座（立式），材质为PE，有效容积5 m^3。

⑲ 淡水泵2台（立式泵），Q=6 m^3/h，H=0.3 MPa，材质为SS316。

⑳ 浓水箱1座，立式结构，材质为PE，有效容积5 m^3。

㉑ 化学清洗、加药装置各1套。

㉒ 真空泵2台（卧式水环泵），流量300 m^3/h，功率11 kW，材质为SS304。

㉓ 进料泵2台（卧式离心泵），流量6.3 m^3/h，H=20 m，功率4 kW，材质为SS2205。

㉔ 冷凝水罐1台，容积2 m^3，材质为SS304。

㉕ 强制循环泵1台，Q=1900 m^3/h，H=6 m，功率110 kW，材质为SS2205。

㉖ 加热器2台，加热面积240 m^2，材质为TA2。

㉗ 分离室1台，110 ℃，丝网除沫，双锥形封头，材质为钛复合。

㉘ 出料泵2台，流量3.6 m^3/h，H=20 m，功率3 kW，材质为SS2205。

㉙ 离心机高位槽1台，容积2 m^3，搅拌功率5 kW，材质为搪瓷。

㉚ 离心机1台（双极活塞推料），产盐量0.2 t/h，功率7.5 kW，材质为316 L。

㉛ 喷水泵2台（卧式漩涡），流量3.6 m^3/h，H=52 m，功率4 kW，材质为SS304。

㉜ 蒸汽高速离心压缩机1台，蒸汽流量4.8 t/h，功率355 kW，材质为316 L。

4.7.5.5 脱硫废水综合治理回用工艺设备清册（见表4.26、表4.27）

表4.26 原脱硫废水系统改造清单

序号	设备名称	规格	单位	数量	备注
1	增加设备				
1.1	预沉池	原澄清器改造	台	1	
1.2	澄清池	Q=25 m^3/h	台	1	新增
1.3	污泥泵	Q=0～10 m^3/h，H=0.6 MPa，气动隔膜泵	台	2	新增
1.4	板框压滤机		台	1	更换
1.5	废水旋流器	入口流量20 t/h	台	1	更换
2	需要改造设备				
2.1	三联箱	处理量25 t/h	台	1	设备陈旧、设计不合理、易堵塞，需更换
2.2	沉淀池	处理量25 t/h	台	1	池体直径小，设计不合理，防腐层脱落，搅拌机损坏，需更换
2.3	石灰加药系统	投加30～60 kg/h干粉，配套筒仓、除尘器、震动料斗、给料机、螺旋输送机、溶解箱、加药泵等	套	1	现有石灰投加系统为人工投加，完全不能满足实际运行要求，改为全自动投加石灰
2.4	其他加药系统		套	1	根据现场加药设备情况更换
2.5	各类管件阀门改造、旧设备拆除		套	1	

表4.27　脱硫废水综合治理工艺设备清册

序号	名称	规格型号	单位	数量	备注
1	反应槽	含2个反应槽，配搅拌器2台，功率0.55 kW	套	1	
2	管式膜浓缩槽系统				
2.1	专用浓缩罐	常压	套	1	
2.2	浓缩循环泵	Q=110 m³/h，H=4.5 MPa，N=22 kW	台	2	1用1备
2.3	污泥供给泵	气动隔膜泵Q=8 m³/h，H=60 m	台	2	1用1备
2.4	浓缩槽搅拌器	转速145 r/min，N=1.1 kW	台	1	
3	管式超滤膜系统		套	1	
3.1	管式膜组件	设备出力20 m³/h	套	2	
3.2	维护性化学清洗装置		套	1	
3.2.1	化学清洗箱	容积0.5 m³	台	2	
3.2.2	化学清洗水泵	Q=8 m³/h，H=20 m	台	2	
3.3	纳膜系统	设备出力20 m³/h	套	1	
4	化学加药系统（纯碱）				
4.1	料仓	容积15 m³，碳钢材质，设备附件：料仓集尘器、空气炮、星形卸料机、螺旋输送机	套	1	
4.2	溶解罐	有效容积6 m³，常压	套	1	
4.3	溶解罐搅拌机	转速63 r/min，N=0.75 kW	台	1	
4.4	乳液循环泵	Q=0.5 m³/h，H=20 m	台	2	
5	化学加药系统（石灰）				
5.1	料仓	容积15 m³，碳钢材质，设备附件：料仓集尘器、空气炮、星形卸料机、螺旋输送机	套	1	
5.2	溶解罐	有效容积6 m³，常压	套	1	
5.3	溶解罐搅拌机	转速63 r/min，N=0.75 kW	台	1	
5.4	石灰乳液循环泵	Q=0.5 m³/h，H=20 m	台	2	1用1备
6	化学加药系统（盐酸）				

表4.27（续）

序号	名称	规格型号	单位	数量	备注
6.1	盐酸储槽	有效容积5 m^3	台	1	
6.2	计量泵	Q=0.6 m^3/h，H=0.8 MPa，N=100 W/380 V	台	2	1用1备
7	清水箱	V=10 m^3	套	1	
8	污泥罐	V=6.5 m^3	套	1	
9	污泥泵	Q=2 m^3/h，H=0.6 MPa，气动	台	2	1用1备
10	板框压滤机		台		原压滤机改造
11	DTRO增压泵	Q=20 m^3/h，H=0.3 MPa	台	2	1用1备
12	保安过滤器	过滤精度5 μm	台	1	
13	高压泵	Q=20 m^3/h，H=8 MPa	台	1	
14	DTRO膜组件	S=25 m^2	支	45	
15	淡水箱	V=4 m^3	座	1	
16	淡水泵	Q=6 m^3/h，H=0.3 MPa	台	2	
17	浓水箱	V=5 m^3	座	1	
18	化学清洗、加药装置		套	1	
19	真空泵	Q=300 m^3/h，H=11 MPa	台	2	
20	进料泵	Q=6.3 m^3/h，H=0.2 MPa，N=4 kW	台	2	
21	冷凝水罐	V=2 m^3	座	1	
22	强制循环泵	Q=1900 m^3/h，H=0.06 MPa，N=110 kW	台	1	
23	加热器	S=240 m^2	台	2	
24	分离室		台	1	
25	出料泵	Q=3.6 m^3/h，H=0.2 MPa，N=3 kW	台	2	
26	离心机高位槽	V=2 m^3	台	1	
27	离心机	产盐量0.32 t/h，功率7.5 kW	台	1	
28	喷水泵	Q=3.6 m^3/h，H=0.52 MPa，N=4 kW	台	2	
29	蒸汽压缩机	蒸汽流量4.8 t/h，功率355 kW	台	1	

4.7.6 含氨废水处理工艺设计

燃煤电厂氨站自动喷淋系统按照GB 50219-95进行设计，喷雾强度为9 L/(min·m^2)，水喷雾压力为0.20 ~ 0.35 MPa。自动喷淋系统主要有三个作用：一是氨站的氨储罐降温冷却；二是氨站区域氨泄漏后喷洒防扩散；三是氨站区域的消防灭火作用。这三种情况均产生非经常性废水。

电厂液氨氨站整个喷淋覆盖区域为42 m×16.5 m，占地面积约为700 m^2。根据喷雾强度，按照收集一小时临时喷雾水量为378 m^3计。

SCR脱硝液氨氨站由于夏季高温降温喷淋后瞬时水量较大，现有氨站地坑容积为27 m^3，不满足水量缓冲要求，需考虑氨站喷淋降温水的缓冲处理。

脱硝废水由于含有氨，呈碱性，原设计含氨废水作为含煤废水补水，接入含煤废水池，建议接入工业废水曝气池内进行酸碱中和处理后再回用。

本次改造将氨站地坑泵管道改造输送至机组集水槽，通过机组集水槽将含氨废水输送至工业废水处理曝气池。

4.7.7 事故应急池设计

根据环保改造要求，在全厂雨水排水管网末端设一事故池。主要实现功能有三个：

第一，收集雨水作为电厂循环冷却水补水，减少取水量；

第二，事故状态下收集消防喷淋水；

第三，收集日常运行中“跑冒滴漏”，确保任何工况下无污水外排，减少环境破坏风险。

事故缓冲设施容积按照《事故状态下水体污染的预防与控制技术要求》确定，计算式如下。

$$V_{总} = \left(V_1 + V_2 - V_3\right) + V_4 + V_5 \tag{4.1}$$

$$V_2 = \sum Q_{消} \cdot t_{消}$$

$$V_5 = 10q \cdot f$$

$$q = q_a / n$$

式中：

V_1——收集系统范围内发生事故的罐组或装置的物料量，m^3；

V_2——发生事故的储罐或装置的消防水量，m^3；

V_3——发生事故时可以转输到其他储存或处理设施的物料量，m^3；

V_4——发生事故时仍必须进入该收集系统的生产水量，m^3；

V_5——发生事故时可能进入该收集系统的降雨量，m^3；

$Q_{消}$——发生事故的储罐或装置同时使用的消防设施给水流量，m^3/h；

$t_{消}$——消防设施对应的设计消防历时，h；

q——降雨强度，按照平均日降雨量计，mm；

f——必须进入事故废水收集系统的雨水汇水面积，m^2；

q_a——年平均降雨量，mm；

n——年平均降雨天数，d。

电厂主要物料罐区都设有相应的事故池，如油罐区防火堤、液氨区围堰、酸碱罐围堰，其容积都能满足相应区域事故漏料需要。

消防水量计算，主要计算如表4.28所列。

表4.28 消防水量计算表

消防对象		消防标准	消防用水/（$L \cdot s^{-1}$）	火灾延续时间/h	火灾延续时间内消防用水量/m^3	备注
主厂房	室内消火栓	同时使用4只水枪，每只5.7 L/s	22.8	2	164.16	依据相关规定，室外消火栓用水量减半，故总水量为308.16 m^3。
	室外消火栓	室外消火栓最小消防水量为35 L/s	40.0	2	144	
	煤仓间自动喷水	选用火灾危险等级Ⅰ级，即严重危险级Ⅰ级，喷水强度12 L/($min \cdot m^2$)，工作面积1500 m^2	300	1	1080	
电厂一次火灾最大消防			362.8		1388.16	

当地年平均降水量624.2 mm，年平均降雨日数约为100天，电厂进事故应急池汇水面积25×10^5 m^2。可算出可能进入事故池的降雨量。V_5=10×(624.2/100)×25=1560.5 m^3，因此事故池需建设容积1388.16+1560.5=2948.66 m^3。本次改造增设3000 m^3的事故应急池，在事故状态下作为收集消防水收集池，正常收集“跑冒滴漏”污水，降雨期可收集雨水，实现雨水回用，减少取水量。

事故应急池可考虑在总排口（防洪口）附近建设。事故池外形尺寸为30 m（长）×25 m（宽）×4.0 m（深），为地下砼结构，建筑占地面积约800 m^2。

结合本工程实际情况，原防洪口处设有提升井和提升泵将废水排至市污水处理厂，当发生生产事故时，将原雨水管网闸门关闭，利用现有的提升井和提升泵将事故水送到事故应急池临时贮存。在事故应急池末端设转运泵，根据收集的水质情况，将事故应急池水送往工业废水处理系统或中水预处理系统进行处理。

平时通过转运泵保持事故应急池空池。转运泵采用无堵塞潜水排污泵，设计3台（2用1备），流量300 m^3/h，扬程50 m，功率75 kW，转运水管道为*DN*300镀锌管。

4.7.8　其他

本次改造需要对主厂房内部分雨水和污水管道进行改造，实现厂区内雨污分流和清污分流，主要对现有的污水管道进行部分改造，修复污水管道，同时断开污水管道至雨水管网。其余系统如煤场雨污分流包含在相应系统改造内。

现有工业废水处理系统出力能够满足改造后运行要求，设备运行状况良好，工业废水经处理后能全部回用于脱硫和煤场补水，本次不进行改造，封堵处理后的工业废水流至雨水管网。

4.8　工程建设条件

4.8.1　建设场地

根据电厂的废水处理综合改造工程厂区平面布置，以不妨碍电厂现有设备正常运行为基础，施工完成后，对场地的绿化、道路等进行修复，具体布置如下。

（1）循环水排水处理回用工程。

循环水废水回用处理站选择建在现有化水车间和员工宿舍间的空地上，方便出水回用至现有化水车间，占地面积为2700 m^2（60.0 m×45.0 m）。

（2）含煤废水回用工程。

翻车区含煤系统就地扩容沉淀池、清水池利用现有#4煤场沉淀池，无需占用新场地。新增加煤水处理设备选择在脱硫东侧、输煤栈桥东侧扩建场地。

（3）生活污水回用工程。

生活污水设施在原有设施处整改，不占用新场地。

（4）脱硫废水处理工程。

脱硫废水处理达标回用工程，设备场地利用原有脱硫废水处理车间进行改造。脱硫废水综合治理工程，设备场地在原有脱硫废水处理车间东侧，输煤栈桥东扩建端场地，占地面积1200 m²。

本次全厂水处理主要增设循环水回用处理车间和脱硫废水蒸发结晶处理车间，部分场地需征用，扩建端需征地约36700 m²。

4.8.2 供水

由于供水配套设施均比较齐全，建设条件比较好，满足建设要求。

4.8.3 供电

本次工程主要供电较为分散，煤水处理系统、生活污水处理系统、新增循环排水处理系统、脱硫废水处理系统，各污水处理部分的动力电源和控制电源就近取自原380 VAC/220 VAC的低压配电系统。

4.8.4 供汽

脱硫废水综合治理启动时需要接入蒸汽，蒸汽压力为0.3～0.5 MPa，正常运行无蒸汽耗量。

4.8.5 供气

现有压缩空气系统能够满足本次废水系统达标排放综合改造要求，就近接引。

4.8.6 药剂

本项目所采用药剂均为常规药剂，易于购买。

4.8.7 副产物处置

本次工程改造为废水综合改造，含煤废水中的煤泥采用抓泥斗出沥水后作为燃料再利用；循环水排水、生活污水、工业废水中的污泥经脱水后综合利用；脱硫废水综合治理采用蒸发系统，蒸发产生的冷凝水回用作脱硫岛工艺补水；结晶盐外运作为工业用盐处理；污泥送至板框压滤机进行污泥脱水；压滤液回流至脱硫废水池；泥饼掺配煤中燃烧。

（1）预处理系统澄清池底部排泥。

本工程中水预处理系统采用加石灰，机械加速澄清后处理悬浮物，降低水质硬度，机加池排泥主要成分为碳酸钙和碳酸镁，排泥可作为脱硫系统的脱硫剂，建议与原采购的石灰石进行适当掺配，减少镁离子提高后对脱硫运行的影响。

（2）脱硫废水蒸发结晶盐。

目前，工业盐的主要用途可以考虑：化工氯碱生产原料、融雪剂、印染盐，其中化工氯碱生产原料中按照日晒工业盐的纯度要求最低，二等品氯化钠纯度不低于92%。

脱硫废水采用预处理+膜浓缩减量处理后，进入蒸发结晶系统生产工业盐，常规结晶盐的成分为氯化钠和硫酸钠的混盐，无法工业应用，需作为废弃物处理。

本工程预处理系统采用石灰+钠滤膜处理技术，蒸发结晶器中采用部分母液回流等分离措施，实现结晶盐中氯化钠和硫酸钠的盐分离作用。

经联系，某集团可使用本项目生产的结晶盐，要求合格品中氯化钠的含量不低于92%，硫酸盐的含量不高于1.5%。

4.9 电气及自动控制部分

4.9.1 电气部分

4.9.1.1 概述

根据工艺专业及其他专业提供的资料，本次废水系统改造供电较为分散，包括循环水处理系统、含煤废水处理系统、生活污水处理系统、含氨废水处理系统和总排口系统。本次改造增加的设备都是低压设备。380/220 V系统为中性点直接接地系统。

4.9.1.2 废水处理系统电气改造方案

（1）循环水处理系统。

循环水处理系统增加供电设备较多，循环水处理系统负荷约970 kV·A。设置循环水处理系统380/220 V PC段。因为负荷较大，采用新增两台容量为1200 kV·A的低压变压器为循环水处理系统380/220 V PC段供电，两台低压变压器互为备用。低压变压器电源由两台机组6 kV公用段各提供一路。

（2）含煤废水处理系统。

含煤废水处理系统负荷约120 kV·A。设置含煤废水处理系统380/220 V MCC段。由附近煤场380/220 V低压系统提供两路电源为废水处理系统380/220 V MCC段供电。

两路电源互为备用，自动切换。

（3）生活污水处理系统。

生活污水主要利用现有设备，就地更换，利用现有低压柜。

（4）脱硫废水处理系统。

脱硫废水处理系统增加供电设备较多，脱硫废水处理系统负荷约600 kV·A。设置脱硫废水处理系统380/220 V PC段。因为负荷较大，采用新增两台容量为1000 kV·A的低压变压器为脱硫废水处理系统380/220 V PC段供电，两台低压变压器互为备用。低压变压器电源由两台机组6 kV公用段各提供一路。

4.9.1.3　电气设备选择

6 kV开关柜选用金属铠装封闭式手车式开关柜，柜内6 kV开关设备采用真空断路器方案。

低压脱硫变压器选用SCB10干式变压器。380 V配电装置选用MNS型抽出式开关柜。

380 V电动机回路的保护电器采用塑壳断路器和接触器、马达保护器或热继电器。低压电器的组合将保证在发生短路故障时，各级保护电器有选择性的正确动作。低压系统有不少于20%的备用配电回路。

4.9.1.4　主要电气设备布置

由于废水处理系统比较分散，不设置集中的配电室。所有，配电柜按照处理系统布置于各个废水处理系统的配电室内。

4.9.1.5　二次接线及继电保护

各污处理系统中的电气系统纳入各系统DCS控制，不设常规控制屏。

380 V进线和分段开关采用框架断路器，低压电动机采用塑壳开关、接触器和智能控保装置作为电动机的控制、保护、测量、信号设备。

各污处理系统的所有开关状态信号、电气事故信号及预告信号均送入各系统DCS。水处理系统控制室不设常规测量表计。

4.9.1.6　照明系统和检修系统供电

室内照明根据不同场所采用不同形式的照明灯具，以满足不同的工作照明需要。室外照明设防水、防尘型照明灯具满足现场工作及巡检需要。

照明系统设置交流正常照明与事故照明，事故照明采用自带蓄电池的应急灯。交流正常照明系统采用380/220 V，3相4线，中性点直接接地系统，各场所的照明电源由各处理系统区域内投标方的MCC供电。所有重要出入口设置应急照明，应急照明时间不少于45 min。

各场所的检修电源由就近或相邻的PC或MCC供电。检修电源箱电源额定电压为400 V；单相230 V、20 A。检修电源箱按照规程规范设置漏电保护。

在配电间、泵房、控制室、室外水站等处设置检修电源箱。

废水处理系统所有电动起吊设施均采用安全滑触线供电。滑触线根据容量采用共箱式或分箱式。

4.9.1.7 防雷接地系统

防雷保护系统的布置、尺寸和结构要求应符合相关的GB，DL及IEC标准。

各区域处理系统区域内的防雷保护应根据需要设计和安装。避雷针和避雷带的引下线在距地面2000 mm及以内应有热镀锌钢管保护管。

各区域处理系统内所有电气设备外壳、金属设备及金属构筑物等均应接地，并符合相关GB，DL及IEC标准的要求。接地电阻不大于4 Ω。站区设的接地网与原主厂房接地网相接。

接地极导体采用F50热镀锌水煤气管；室外接地网采用截面为60 mm×8 mm的镀锌扁钢，室内接地采用浸锌40 mm×4 mm扁钢，接地支线采用热浸锌40 mm×4 mm扁钢。

所有接地导体地下部分采用焊接方式连接，焊接处应进行防护处理；裸露部分采用螺栓连接或焊接，焊接处应进行防护处理。

4.9.1.8 通信系统

处理系统内设置生产行政通信、调度通信系统，通信交换机利用电厂程控交换机。

4.9.1.9 电缆及电缆敷设

（1）电缆选型。

6 kV电缆采用铠装交联聚乙烯绝缘聚氯乙烯护套电缆。ZRC-YJV22-6/6电缆的导体应采用铜芯导体。

0.4 kV动力电缆型号为ZRC-YJV22-0.6/1 kV。

测量和控制电缆最小导体截面为2.5 mm^2。根据需要采用屏蔽电缆。

至DCS的控制电缆采用屏蔽电缆。

一根仪用变压器的电缆只传输一个变压器的电压或电流值。如果同一个电压信号用于不同的需要（如：保护、测量、计量）应装设分离的小型断路器。变压器电压量用独立的电缆传输。

对于室内的CT电缆最小截面为电流回路不小于4 mm^2，电压控制不小于2.5 mm^2，CT电缆截面根据CT容量及电缆长度选择。

（2）电缆设施。

电缆设施以桥架为主，辅以电缆沟和穿管。室内的电缆桥架下层采用托盘式电缆桥架、上层采用梯级式电缆桥架，并在相同路径电缆桥架的最上层安装电缆桥架保护盖。室外的电缆桥架采用托盘式电缆桥架，并在每层电缆桥架上安装电缆桥架保护盖。桥架采用热镀锌。

（3）电缆防火措施。

除采用阻燃电缆外，废水系统内将有防火阻燃的可靠措施。

在墙洞、盘柜低部开孔处使用防火堵料封堵。

电缆沟进入建筑物入口处及电缆沟内分段处设置防火阻燃墙。

电缆夹层、电缆防火封堵墙两侧，地面上方2 m内刷涂防火涂料。应在电缆桥架穿墙处、电缆桥架分支处设置防火封堵。

4.9.1.10 火灾报警系统

火灾报警和消防控制系统作为全厂火灾报警和消防控制系统的子系统，消防报警系统需符合相关GB，DL及IEC标准的要求。

4.9.2 仪表和控制部分

4.9.2.1 水处理系统的监测与控制

根据工艺要求设计完整、可靠、符合工业标准的控制系统，热工测量仪表由DCS和PLC完成数据采集和处理。数据采集和处理系统的基本功能包括数据采集、数据处理、屏幕显示、参数越限报警、事件序列、事故追忆、性能与效率计算和经济分析、打印制表、屏幕拷贝、历史数据存储、程序控制、自动调节、联锁保护等，保证水处理系统在各种工况下安全稳定地运行，确保水处理效率达到要求。

控制系统对水处理系统设备的控制具有程序控制、远控手动、就地操作三种控制方式。

就地仪表及控制设备选用通用产品，符合国家和行业有关技术标准，不采用淘汰产品，并考虑最大限度的可用性、可靠性、可控性和可维修性。

主要监测参数：

① 设备、装置工况及工艺的运行参数。

② 设备的辅机运行状态。

③ 主要阀门的启、闭状态及调节阀门的开度。

④ 电气联锁条件和开关状态。

⑤ 主要的电气参数等。

4.9.2.2 设计依据

根据工艺要求，本工程必须对各改造系统进出水水质、流量等各项指标进行全程自动控制，设置超值报警系统，确保电厂用水安全。

① 选择运行稳定、数据质量高、维护方便的监测仪器。

② 选择技术成熟、先进的系统，保证总体运行稳定、可靠。

③ 按照已有国家标准的业务规范和标准，进行系统设计。

④ 系统可扩展性高，在线监测仪器接入软件和硬件工作能力方面利于升级、扩展。

⑤ 选择利于集成的计算机技术，保证后期与其他环保管理信息系统集成和数据共享。

⑥ 系统易于操作和使用，方便各种类型用户迅速掌握。

⑦ 整体投资性价比高。

4.9.2.3 控制方式和控制水平

（1）控制方式。

水处理系统控制系统的监控管理范围包括含煤废水处理系统、循环水处理系统、生活污水处理系统、脱硫废水处理系统，根据不同工艺系统采用DCS或PLC集中控制方式。

含煤废水处理系统、生活污水处理系统采用PLC控制系统；脱硫废水处理系统采用DCS控制系统，接入原脱硫DCS系统；循环水处理系统采用DCS控制系统，通过光缆连接到化学控制室的光纤交换机，实现在上位机实现监控的目的。

在每个系统设置就地电子设备间，布置DCS/PLC电源分配柜/网络柜、控制机柜/继电器柜和热控电源柜。

在各水处理集中控制室，分别布置工程师站/操作员站/历史站/SIS接口机。

（2）控制水平。

采用DCS/PLC和计算机操作站组成主控制系统，过程仪表参数、电气运行状态的监测及电气设备的运行控制及联锁由DCS/PLC完成，并将过程数据通过网络传送到操作站，实现过程数据动态显示；DCS/PLC可在与计算机系统脱机的条件下独立运行，其主要控制与监控内容如下。

① 依据工艺流程，建立控制系统流程图，在计算机系统上实现对整个处理过程的数据、参数的检测与监控。

② 监控电气设备的运行状态，对电机设备运行（开或停）、故障进行监控，在操作站的系统流程图上动态显示及报警。

③ 在操作站中对设备进行手动/自动切换，开、停操作，并动态显示电机设备的运行状态，实现操作站对现场设备的直观控制操作。对现场仪表的部分模拟信号实现棒形图直观显示监控，对重要参数建立历史曲线和实时数据曲线记录。

④ 建立完整的管理数据库，在计算机系统中保留至少一年的运行数据与报警参数信息。

⑤ 与系统中有联锁条件的设备建立逻辑关系图，分析系统运行的状况，为设备事故的检查和安保联锁创造条件。

在本期集控室区域配置操作员站/工程师站/历史站/SIS接口机、工业以太网交换机、打印机等。

水处理系统按照自动程控运行方式进行设计，被控对象及过程控制参数在水处理系统各控制室内，通过操作员站进行集中监控，主要工艺系统设备按照程控步序运行操作，也可在操作站进行软手操作，或在就地电磁阀箱/MCC上对单个设备进行启停及开关操作。操作站对整个工艺系统进行监控，采用全中文图形界面，有全自动化动态显示、数据分析、数据存储、报表打印、高速通信等功能。完成工艺系统控制、显示、报警、报表、管理。工程师站可完成系统组态、调试及控制参数的在线修改和设置等。

在系统启停、正常运行或异常工况出现的过程中，自动对各参数进行检测、数据处理、定时制表、参数越限时的自动报警和打印。根据运行人员在LCD操作员站发出的命令，自动完成各局部工艺系统的顺序启停。

当系统发生异常或故障时，能通过联锁保护自动切除有关设备及系统；同时进行事故记录，并对异常参数或状态进行事故追忆。

控制、报警、监视和保护等基本功能从功能上和物理上尽可能分开，以保证在某一功能失效时，不会导致其他功能失效。保护功能必须具有独立性。

功能组控制的分级按照主要设备和辅助设备建立，以便在部分传感器、部件或设备故障时，允许运行人员选择较低一级的自动化水平而不致全部丧失对过程的控制。

对于工艺系统内所有的电动阀门、风机、泵等设备，均可进行程序（远方）控制及就地/MCC控制，气动阀门能在电磁阀箱上进行控制。在操作员站进行远操时，控制逻辑中提供必要的闭锁手段，防止误操作。气动阀门的控制电磁阀相对就地集中布置在电磁阀柜/箱内，并尽量考虑设备的完整性。

4.9.2.4 仪表和控制系统相应改造方案

根据工艺改造方案，热控仪表和DCS控制系统相应改造方案如下。

（1）含煤废水处理系统。

根据工艺设备配置仪表、阀门等，主要仪表如表4.29所列。

表4.29 含煤废水处理系统控制设备清单

序号	仪表名称	数量
1	压力表	14
2	电磁流量计	4
3	浊度仪	1
4	磁翻板液位计	4
5	超声波液位计	2

I/O点清单如表4.30所列。

表4.30 含煤废水处理系统I/O清单

I/O类型	DI	DO	AI	AO
数量	49	36	11	0
合计	96			

由于以上工艺设备均为新增，建议就地新增电子设备间，新增PLC控制站（包括1对冗余控制器），接入新增工艺系统设备，同时新增1个热控电源箱。也可把新增PLC系统接入原PLC系统，利用原有电子设备间。

（2）循环水处理系统。

根据工艺设备配置仪表、阀门等，主要仪表如表4.31所列。

表4.31 循环水处理系统控制设备清单

序号	仪表名称	数量
1	压力表	44
2	电磁流量计	16
3	浊度仪	4
4	压力变送器	32
5	pH计	5
6	磁翻板液位计	10
7	超声波液位计	5

表4.31（续）

序号	仪表名称	数量
8	温度变送器	1
9	OPR	1
10	余氯仪	1
11	导电度仪	9

I/O点清单如表4.32所列。

表4.32　循环水处理系统I/O清单

I/O类型	DI	DO	AI	AO
数量	303	198	94	10
合计	605			

由于以上工艺设备均为新增，建议就地新增电子设备间，新增DCS控制站（包括二对冗余控制器），接入新增工艺系统设备，同时新增1个热控电源柜。

（3）脱硫废水处理系统。

根据工艺设备配置仪表、阀门等，主要仪表如表4.33所列。

表4.33　脱硫废水处理系统控制设备清单

序号	仪表名称	数量
1	压力表	32
2	pH计	5
3	压力变送器	16
4	电磁流量计	8
5	涡街流量计	1
6	磁翻板液位计	6
7	超声波液位计	1
8	液位开关	1
9	压力开关	8
10	浊度仪	2
11	导电度仪	9

I/O点清单如表4.34所列。

表4.34　脱硫废水处理系统I/O清单

I/O类型	DI	DO	AI	AO
数量	187	134	43	10
合计	374			

由于以上工艺设备均为新增，建议就地新增电子设备间，新增DCS控制站（包括1对冗余控制器），纳入原脱硫DCS控制系统，接入新增工艺系统设备，同时新增1个热控电源柜。

（4）集中控制系统。

含煤废水处理系统对原有PLC控制系统进行扩容改造；生活污水处理系统利用原有控制系统；脱硫废水处理系统采用DCS控制系统，接入原脱硫DCS系统；循环水处理系统采用DCS控制系统，控制室利用化学控制室，集中控制室布置操作员站/工程师站/历史数据站/SIS接口机。对各子系统进行监控、数据记录及数据上传SIS。

（5）电源。

在各新建电子设备间内分别新增1面DCS/PLC电源分配柜/网络柜，为新增DCS/PLC系统提供电源，电源由电气专业部门就近提供。

同时在各新建电子设备间内分别新增1个热控电源柜/箱，为仪表、气动门等提供电源，电源由电气专业部门就近提供。

在循环水处理系统电子设备间设置UPS电源，为DCS控制器、化水操作员站/工程师站/历史数据站/SIS接口机、打印机等提供电源，电源由电气专业部门就近提供。

4.10　土建部分

4.10.1　结构部分

4.10.1.1　总述

根据工艺专业所提，涉及土建工程内容土建、构筑物一览表如表4.35所列。

表4.35 土建、构筑物一览表

序号	名称	规格型号	单位	数量	备注
循环水					
1	机械加速澄清池	直径12 m×5 m，容积500 m^3	座	1	
2	砂滤池	容积500 m^3	座	2	
3	清水池	10 m×10 m×5 m，容积500 m^3	座	1	埋深5.5 m
4	超滤产水池	20 m×10 m×5 m，容积1000 m^3	座	1	埋深5.5 m
5	淡水池	14 m×8 m×5 m，容积560 m^3	座	1	埋深5.5 m
6	浓水池	容积400 m^3	座	1	埋深5.5 m
7	储药间	21 m×9 m×6.5 m	间	1	
8	主厂房	45 m×15 m×12 m	间	1	2层
含煤废水					
1	翻车区煤水沉淀池	20 m×10 m×5 m，容积1000 m^3	座	1	
2	回用水池	10 m×10 m×5 m，容积500 m^3	座	1	利旧改造
3	雨水沟	宽0.4 m，深0.6 m	项	1	
4	集水沟	宽0.5 m，深0.4 m	项	1	
5	道路	宽7 m，长300 m	项	1	
6	设备基础		项	1	埋深2.0 m
7	管沟、电缆沟		项	1	埋深1.0 m
生活污水					
1	地埋式水池		座	1	改造
2	设备基础		项	1	埋深2.0 m
3	管沟、电缆沟		项	1	埋深1.0 m
脱硫废水					
1	设备基础		项	1	埋深2.0 m
2	废水车间	30 m×40 m×15 m	座	1	3层
3	管沟、电缆沟		项	1	埋深1.0 m

表4.35（续）

序号	名称	规格型号	单位	数量	备注
应急事故水池					
1	事故池	30 m（长）×25 m（宽）×4.0 m（深），分成3格	座	1	
2	道路	宽3.0 m	m	50	
3	护栏	镀锌材质	m	190	
场地硬化					
1	场地硬化	300厚碎石垫层、300厚C30混凝土	m^2	500	
2	场地恢复		项	1	

4.10.1.2 技术要求

同2.7.1（1）。

4.10.1.3 主要设计技术参数

厂区气象资料详见总的部分。

基本风压0.45 kN/m^2。

基本雪压0.45 kN/m^2。

结构安全等级：二级，设计使用年限为50年。

抗震设防烈度：厂址区域内，在一般场地条件下50年超越概率10%的地震动峰值加速度小于0.05 g，对应地震烈度小于6度。依据有关规定，建设500 MW及以上火电厂的主要生产建筑物按照7度进行抗震设防。其地震动峰值加速度取0.1 g，地震动反应谱特征周期0.35 s。

场地类别：Ⅱ类。

建筑物地面、楼面、屋面设计安装，检修活载应满足工艺要求和《建筑荷载规范》的要求。

4.10.1.4 材料

土建结构所需水泥、骨料、砖、钢材、型钢、焊条、螺栓、油漆等材料均应遵守国家和行业标准。

型钢（Q235B），钢材（HPB300）（HRB335）（HRB400）。

框架结构纵向受力钢材采用普通钢材时，钢材抗拉强度实测值与屈服强度实测值之比不应小于1.25；钢材的屈服强度实测值与屈服强度标准值之比不应大于1.3，且钢筋在最大拉力下的总伸长率实测值不应小于9%。

钢材的屈服强度实测值与抗拉强度实测值之比不应大于0.85；钢材应有明显的屈服台阶，且伸长率不应小于20%；钢材应有良好的焊接性和合格的冲击韧性。

新建建筑均为钢筋混凝土框架结构，混凝土等级为C30。

设备基础的混凝土等级不低于C25。

所有地下沟、坑、池的混凝土等级不应低于C25，防水混凝土抗渗等级不低于P6；沟、坑、池均应进行防腐处理。

设备基础二次灌浆应采用微收缩混凝土灌浆料。

所有钢结构应采用优质防腐材料。

4.10.1.5 建筑物基础及地基处理

应根据总平面位置在建筑物及设备基础处进行地质详勘，依据地质勘测资料确定基础形式，主要采用以下几种型式。

新建循环水处理车间及脱硫废水蒸发结晶车间采用桩基，如有超挖部分可采用砂石换填至设计底标高。

鉴于本工程地下水位较高，埋置于地面4 m以下的水池采用桩基，并考虑基础底板外伸回填土作为配重，以保证水池抗漂浮满足规范要求。其余地下水池采用天然地基钢筋混凝土筏板箱型基础，施工期间如地下水位高于基础底面，应采取降水措施。

其他设备采用基础天然地基。基础采用大块式钢筋混凝土结构。

4.10.1.6 结构形式

主厂房、加药间均采用现浇钢筋混凝土框架结构。地下水池地下部分为防渗钢筋混凝土结构。

4.10.1.7 沟道和道路

室外电缆沟道及排水沟道均采用混凝土沟道，室外电缆沟道顶标高应高出室外地坪100 mm，以保证室外雨水无法排入电缆沟内，道路采用混凝土道路，道路宽度不少于3 m，道路设计应合理，并与厂区主要道路连接，道路应设置排水坡度，并能与厂区排水保持一致。

4.10.2 建筑部分

建筑设计贯彻安全、适用、经济、美观的方针。根据生产工艺流程、使用要求、自然条件、建筑材料、建筑技术等因素，结合工艺设计进行建筑物的平面布置、空间组合及建筑造型设计，并注意建筑标准与电厂主厂房等其他建筑群体相协调。造型及立面力求简洁大方。建筑风格尽量与周围建筑保持协调。建筑装修标准参照《火力发电厂建筑装修设计标准》（DL/T 5029—2012）执行。

建筑设计配合工艺解决好建筑内部通道、防火、防爆、防水、防噪声、保温隔热、采光、通风和生活卫生设施等方面的问题。

4.10.2.1 墙体材料

本工程外围护墙采用300 mm厚混凝土砌块，内隔墙采用200 mm厚混凝土砌块。

4.10.2.2 装修设计说明

楼（地）面：新建建筑楼（地）面采用环氧涂料。

屋面：新增建筑屋面防水等级二级，防水卷材采用4 mm厚SBS改性沥青防水卷材一道，刚性防水一道。屋面保温采用憎水珍珠岩保温，保温层厚度应通过计算确定。

内墙面：采用白色耐擦洗乳胶漆内墙。

门窗：门采用不锈钢材质，壁厚不小于1.4 mm；窗为90系列铝合金窗，壁厚不小于1.2 mm。

顶棚：采用白色耐擦洗乳胶漆顶棚。

外墙面：采用优质防水涂料墙面。

4.10.2.3 平台、楼梯、栏杆

在楼面的所有洞口、平台、楼梯平台和不伸至墙壁的楼面及平台的四周均设置带护沿的围栏，以作保护。护沿高度不低于100 mm，所有扶手、栏杆的高度均为1.2 m，吊物孔四周应采用钢扶手，扶手直径不小于50 mm，栏杆的立杆不小于34 mm。所有钢平台、通道和扶梯要防止腐蚀和锈蚀。

所有楼层的卸货区及其他运行、维护需要开孔的区域四周都应提供活动栏杆。所有开孔处均应用防滑花纹钢板或格栅遮盖。

4.10.2.4 钢结构除锈防腐

所有室内外新增加的钢构件均应除锈防腐，主要承重构件除锈等级Sa2 1/2级，防腐采用环氧富锌底漆一度、环氧中间漆两度、聚氨酯面漆两度，室内总厚度不小于150 μm。检修钢梯、平台、栏杆等钢结构防腐可采用红丹防锈漆两遍，调和漆面漆两遍的做法。

4.10.3 水工、消防及通风

新建建筑水工消防应按照就近原则接入消防系统。

所有建筑物的水工消防及通风均应满足国家和电力部门有关规范和规定，消防部分必须能够通过当地消防部门的验收。

4.11 工程效益及运行成本分析

4.11.1 环境效益

同2.8.1。

4.11.2 社会效益

同2.8.2。

4.11.3 运行成本分析

本工程实施后，电厂年均排放436.9 m³/h的废水得以回用，全厂废水复用率提高，实现废水综合回用，改造前后的主要用水指标如表4.36所列。

表4.36 用水指标对比表

序号	项目		改造前		改造后	
			夏季	冬季	夏季	冬季
1	新鲜水补给水量/（$m^3 \cdot h^{-1}$）		2348.8	1788.3	1885.3	1584.5
2	全厂水复用率/%		98.82	98.76	99.04	98.89
3	全厂废水复用率/%		64.55	51.73	100	100
4	全厂年平均水消耗率/%（以水汽蒸发、厂区供汽、固废含水消耗等形式消耗）		77.61	80.55	100	100
5	耗水指标	m^3/（s·GW）	0.645	0.487	0.518	0.432
		m^3/（mW·h）	2.32	1.75	1.86	1.55

全厂废水系统综合改造工程实施后，夏季取用新鲜水量降低463.5 m^3/h，冬季取用新鲜水量降低203.8 m^3/h。

扣除供热损失水量及外供生活水量，全厂夏季平均发电耗水指标为0.518 $m^3/(s·GW)$，冬季平均发电耗水指标为0.432 $m^3/(s·GW)$，优于《火力发电厂节水导则》（DL/T 783—2001）规定的0.6～0.8 $m^3/(s·GW)$ 标准。

4.12 工程投资估算

4.12.1 投资估算范围

本示范工程投资估算范围为项目的静态投资，包括：

① 设备购置费。

② 土建费用，新设备的安装、调试等工程费。

③ 项目前期费、勘探设计费、建设单位管理费、联合试运转费等工程建设费用。

④ 预备费。

4.12.2 投资估算依据

① 项目及费用性质划分：执行国家发改委颁发的《火力发电工程建设预算编制与计算规定（2013年）》。

② 工程量：按照项目诊断和可行性设计阶段的改造方案设想，以及设计人提供的工程量清单计算。

③ 定额选用：按照《电力建设工程概算定额》（2013年版）计。

④ 设备价格：参考近期同类机组的询价。

⑤ 材料价格。

4.12.3 其他说明

① 基本预备费：按照建筑工程费、安装工程费、设备购置费及其他费用之和的3%计算。

② 价差预备费：暂未计取价差预备费。

③ 资本金占总投资的20%。

④ 建设期利息：本工程按照注册资本占总投资的20%，银行贷款占80%考虑，

贷款年利率为4.9%。

4.12.4 投资概况

水处理改造工程静态投资18548.58万元，单位千瓦造价为154.57元。

4.13 结论与建议

4.13.1 结论

随着国家水十条、《节约能源法》、《环境保护法》和相应的用水、排水收费政策（水资源费、排水费、超标费）的颁布，对火电厂用、排水量和水质控制要求日益严格。水资源费及废水排放的收费将受到严格监管，成为制约电厂发展的重要指标。

为改善现有废水处理设施运行状况，满足环评批复要求，实现水资源分级利用，减少废水排放，最终达到综合回用，保留事故应急排放至第四污水处理厂管道，清洁和美化地区环境，促进地区经济的可持续发展，因此对电厂#1，#2（2×600 MW）机组废水系统达标排放综合改造是十分必要的。

4.13.2 建议

① 电厂应高度重视，明确专门组织机构及人员负责全厂水务管理工作。建议对现有给水排水系统加强运行维护和管理，提高设备可靠性。

② 对日前运行的给水排水系统中所有测量仪表进行调试、校验，对DCS显示数据与现场实际进行核实，保证测量监测系统性能完好，反映数据真实，为工程提供可靠的依据，确保工程成功实施。

③ 本工程应结合电厂检修等综合考虑，合理安排工程节点时间。

④ 本次工程实施后，化学除盐系统补水量可提高，同时提高了系统运行可靠性。

⑤ 含煤废水处理系统按照规范要求收集半小时初期雨水处理量，半小时后，雨水外排雨水管网，根据电厂现场实际情况，要彻底解决煤场初期雨水问题，真正实现煤水雨水分流，建议采用封闭式煤场或加盖煤棚。

第5章

案例4　某2×660 MW机组脱硫废水零排放改造案例

5.1　概况

5.1.1　工程概况

本项目为火电厂废水零排放示范工程。本示范工程可行性研究选取某2×660 MW机组作为研究对象，本报告涉及的技术路线、方案比选与讨论及报告最终结论同样适用于废水量及废水水质相近的其他机组。

机组厂址属于山间盆地，自然地面标高2473～2495 m，场地整体由东南向西北倾斜。项目容量：一期为2×660 MW超临界间接空冷燃煤机组留有扩建余地，二期规划2×660 MW同类型机组，同步建设FGD脱硫和SCR脱硝设施。机组年利用5500 h，年发电量可达72.6亿kW·h。

该电厂现有的废水主要包含脱硫废水、反渗透浓水和酸碱再生废水三种，现阶段末端废水主要为脱硫废水，现有处理方式为传统“三联箱”化学沉淀法工艺，达标后回用于煤场。

5.1.2　废水深度处理改造的必要性

该电厂所在集团积极响应国家政策的号召，在集团“十三五”规划的重点技术中将燃煤电厂水系统优化及废水零排放列为关键技术，建设了一批燃煤电厂废水零排放技术应用示范项目。无论是从集团公司层面还是国家层面，针对以电厂废水为代表的工业废水实施零排放处理系统工程示范和推广显得十分必要。

5.1.3　主要技术原则

本示范工程立足电厂废水处理和排放现状，结合国家和地方环境法规的要求，提出合理的、可行的、经济的处理工艺设计方案。

设计原则主要包括：

① 系统布置合理，采用可靠、先进的改造方案，造价经济、合理，便于运行维护。

② 废水处理系统的调试、启动、停机和运行不影响主机的正常工作且其进度应服从主机系统的检修时间要求。

③ 能可靠和稳定地连续运行，能适应锅炉的启动、停机及负荷变动。

④ 在设计上留有足够的通道，包括施工、检修需要的吊装及运输通道。

⑤ 为了降低工程造价，充分利用原有设备。

5.2 主要设备设计参数

5.2.1 环境条件

5.2.1.1 水文气象条件

项目厂址，属高原大陆性季风气候，海拔高、气压低，日照时间长、太阳辐射强，在地域分布上由东向西递增，垂直变化也比较明显，自湟水河谷底部随海拔高度增加而逐渐降低。其特点是气压低，日照长，雨水少，蒸发量大，太阳辐射强，昼夜温差大，无霜期短，冰冻期长，冬无严寒，夏无酷暑。

主要水文气象资料见表5.1。

表5.1 项目所在地主要水文气象资料

序号	名称	单位	数值
1	极端最高气温	℃	33.4
2	极端最低气温	℃	-31.7
3	年平均气温	℃	3.7
4	年最热月平均温度	℃	14.6
5	年最冷月平均温度	℃	-8.9
6	年平均大气压	hpa	737.7
7	最热月相对湿度	%	65
8	最冷月相对湿度	%	48

表5.1（续）

序号	名称	单位	数值
9	年平均降雨量	mm	537.8
10	年均日照时数	h	2756.9
11	最大积雪深度	cm	23
12	最大冻土深度	cm	125
13	年平均风速	m/s	1.5
14	冬季室外平均风速	m/s	1.7
15	夏季室外平均风速	m/s	1.9
16	全年主导风向及频率	%	35（C）；24（SE）
17	夏季主导风向及频率	%	29（C）；22（SE）
18	冬季主导风向及频率	%	44（C）；22（SE）
19	采暖期室外平均温度	℃	-4
20	采暖期室外计算温度	℃	-13
21	采暖天数	d	180（≤5 ℃）

5.2.1.2 工程地质

该地地处某河及三条支流的交汇处；呈东西向条带状，地势西南高、东北低，四周群山环抱，南有南山、北有北山。

该地处于某山字型构造体系的两翼弧形褶皱带的复合部位，随着山脉上升和盆地的相对下降，堆积了巨厚的第三系红色岩系和第四系松散层。盆地的基底与边缘地带由古老的变质岩系构成。以往资料表明，西宁盆地未发生过大规模的断裂构造，属相对稳定地块，场区没有活动断裂，场地地层稳定。

根据《建筑抗震设计规范》（GB 50011—2010）附录A《我国主要城镇抗震设防烈度、设计基本地震速和分组》，设计基本地震加速度为0.10 g，设计地震分组属第三组。

5.2.1.3 水源水质

本工程水源，详见表5.2。

表5.2　水源数据一

序号	项目	单位	标准限值（Ⅱ类）	检验结果
1	水温	℃	—	4
2	pH值	—	6～9	8.47
3	溶解氧	mg/L	≥6	—
4	高锰酸盐指数	mg/L	≤4	1.44
5	化学需氧量（COD）	mg/L	≤15	<5.0
6	五日生化需氧量（BOD_5）	mg/L	≤3	—
7	氨氮（NH_3^-N）	mg/L	≤0.5	<0.02
8	总磷（以P计）	mg/L	≤0.1（湖、库：0.05）	<0.01
9	总氮（湖、库，以N计）	mg/L	≤0.5	0.37
10	铜	mg/L	≤1.0	0.02
11	锌	mg/L	≤1.0	0.009
12	氟化物（以F^-计）	mg/L	≤1.0	<0.20
13	硒	mg/L	≤0.01	<0.0005
14	砷	mg/L	≤0.05	<0.0005
15	汞	mg/L	≤0.00005	<0.00005
16	镉	mg/L	≤0.005	<0.002
17	铬（六价）	mg/L	≤0.05	<0.004
18	铅	mg/L	≤0.01	<0.0005
19	氰化物	mg/L	≤0.05	<0.002
20	挥发酚	mg/L	≤0.002	<0.002
21	石油类	mg/L	≤0.05	<0.05
22	阴离子表面活性剂	mg/L	≤0.2	<0.100
23	硫化物	mg/L	≤0.1	<0.02
24	粪大肠菌群	个/L	≤2000	1
25	硫酸盐（以SO_4^{2-}计）	mg/L	250	61

表5.2（续）

序号	项目	单位	标准限值（Ⅱ类）	检验结果
26	氯化物（以Cl^-计）	mg/L	250	4.9
27	硝酸盐（以N计）	mg/L	10	1.2
28	铁	mg/L	0.3	0.044
29	锰	mg/L	0.1	0.005
30	钾	mg/L	—	1.85
31	钠	mg/L	200	7.2
32	钙	mg/L	—	50.9
33	镁	mg/L	—	35.1
34	总碱度（以$CaCO_3$计）	mg/L	—	208.9
35	总硬度（以$CaCO_3$计）	mg/L	—	270.1
36	溶解性总固体	mg/L	—	296
37	浑浊度	NTU	—	1.79

5.2.1.4 环境资料

当地SO_2年均浓度为0.15 mg/m^3，NO_2年均浓度为0.026 mg/m^3，PM10年均浓度为0.264 mg/m^3。其中SO_2，NO_2均符合《环境空气质量标准》（GB 3095—2012）二级标准，PM10超过二级标准限值。

当地地表水监测点监测项目中pH值、高锰酸盐指数均达标，而部分监测点的硫酸盐、总硬度、氨氮等监测项目不达标；当地地下水监测点监测项目中pH值、高锰酸盐指数、六价铬、总氰化物、锌、镉、铅、铜、汞、砷全部达标，而部分监测点的氟化物、氯化物、溶解性总固体等监测项目不达标。

5.2.2 废水概况

5.2.2.1 水质

电厂提供的废水原水水质见表5.3。

表5.3 废水原水水质

项目	单位	数值
水量	t/h	2×9
TDS	mg/L	24000
SS	mg/L	10000
pH值	—	6.0
COD	mg/L	150
Ca^{2+}	mg/L	3942
Mg^{2+}	mg/L	1615
SiO_2	mg/L	48
SO_4^{2-}	mg/L	1345
SO_3^{2-}	mg/L	0
Cl^-	mg/L	13525
F^-	mg/L	10
氨氮	mg/L	150
温度	℃	46

5.2.2.2 水量

原设计废水排放量为2×9 t/h，根据业主的运行经验认为原排水量设计值偏小，要求废水的排放量按照30 t/h来进行设计。

5.2.3 煤质参数

设计工况下入炉煤煤质参数见表5.4。

表5.4 煤质参数

序号	名称	符号	单位	数值
1	全水分	Mt	—	14.5%
2	空气干燥基水分	Mad	—	3.05%
3	收到基灰分	Aar	—	23.39%

表5.4（续）

序号	名称	符号	单位	数值
4	干燥无灰基挥发分	Vdaf	%	43.38
5	收到基碳	Car	%	46.97
6	收到基氢	Har	%	3.23
7	收到基氮	Nar	%	0.66
8	收到基氧	Oar	%	10.33
9	全硫	St，ar	%	0.92
10	收到基高位发热量	Qgr，v，ar	MJ/kg	18.56
11	收到基低位发热量	Qnet，v，ar	MJ/kg	17.56
12	哈氏可磨指数	HGI	—	62
13	煤中汞	Hgar	μg/g	0.13
14	煤中氟	Far	μg/g	57
15	煤中氯	Clar	%	<0.001

5.3 废水零排放处理技术方案

5.3.1 概述

5.3.1.1 技术要求

本工程对废水的处理拟达到三项要求。

① 提高水的梯级利用，减少废水产生量。

② 系统处理产生的净水达到回用水要求。

③ 废水浓液经处理变为固形物，废水零排放。

5.3.1.2 水的梯级利用

（1）总体思路。

为了最大程度节约全厂用水量、降低末端废水产生量、提高全厂水资源利用率，现对该电厂各系统用水和排水进行分析和优化，并根据各用水系统进出水水质及水量的情况提出全厂水资源梯级利用方案。

目前，该电厂的用水主要包含辅机冷却水系统用水、冲洗汽车及地面用水、化学系统用水、脱硫系统用水、渣库系统用水、输煤系统用水、油库区用水、生活用水、未预见用水等。

（2）各用水系统分析。

该电厂辅机冷却水系统用水量约为6220 m^3/h，主要包括辅机冷却水、空压机及干燥器冷却水、引风机油站冷却水、脱硫系统冷却水等。该系统的补充水主要用于蒸发、风吹和排污的水量损失，其中仅排污水约可回收27 m^3/h。

机组冲洗汽车及地面用水量约3 m^3/h，损失约1 m^3/h，排水约2 m^3/h。该部分水由工业废水处理系统出水供给。该系统排水进入工业废水处理系统处理。

化学系统中锅炉补给水用水量为245 m^3/h，冬季采暖软化水补水量为80 m^3/h。该系统产生高含盐浓水124 m^3/h，进入反渗透浓水回收系统，其中62 m^3/h浓盐水作为脱硫系统工艺水的进水。高悬浮物排水量为45 m^3/h，将进入工业废水处理系统处理后回用。

脱硫系统用水分为脱硫系统工业用水和工艺用水。其中，工业用水主要用于脱硫设备轴承冷却润滑水，水量为40 m^3/h，该部分水将回用于辅机冷却水系统。工艺用水量为116 m^3/h，主要由锅炉补给水处理系统和循环冷却水排污水等高含盐排水供给。脱硫系统产生废水量为30 m^3/h，将进入废水零排放处理系统进行处理。

干渣库搅拌机用水量为3.5 m^3/h。输煤系统用水量为23.5 m^3/h，该系统用水由辅机冷却水系统排污水提供，使用后无法回收。燃油泵房冲洗及设备冷却水用水量为15 m^3/h，其中5 m^3/h可回用，10 m^3/h排出，排出水进入工业废水处理系统进行处理。全厂生活用水量按照6 m^3/h计。

除上述各系统用水外，还需考虑启动前锅炉排污水、热力设备和管道正常、事故工况的疏放水、锅炉空气预热器冲洗用水等未预见性用水，未预见水量按照50 m^3/h计算，其中30 m^3/h无法回收，20 m^3/h进入工业废水处理系统进行处理。

（3）水资源分级利用。

根据上述各系统用水特点的分析，将全厂供水系统分为三级。

第一级供水系统供水对象主要为生活用水、锅炉补给水、辅机冷却水、油罐冷却水等。

第二级供水系统分为三个部分。第一部分为第一级供水系统中锅炉补给水处理系统、冲洗地面等淡水的排水处理后回用；第二部分为高含盐排污水和化学废水经中和处理后作为脱硫系统工艺水的进水；第三部分为将辅机冷却水排污水回用于煤场和干渣冷却用水。

第三级供水系统供水对象为脱硫废水回用系统和煤水回用系统。

5.3.1.3 废水处理技术方案路线

本可研拟分析比较四种不同的技术方案，方案一是电絮凝+薄膜蒸馏+烟道蒸发（烟道蒸发方案），方案二是电絮凝+薄膜蒸馏+MVR蒸发（混盐方案，即最终处理得到的固体废弃物为不同盐的混合物），方案三是管式微滤+纳滤+薄膜蒸馏+MVR蒸发（分盐方案Ⅰ，即最终可以分别得到一价盐和二价盐），方案四是无软化纳滤+薄膜蒸馏+MVR蒸发（分盐方案Ⅱ）。

根据设计参数，本系统的设计处理量为30 t/h。各方案设计蒸发量见表5.5。

表5.5 各方案设计蒸发量

	设计蒸发量/（$t\cdot h^{-1}$）			
	薄膜蒸馏	烟道蒸发	MVR蒸发结晶	小计
方案一	25.50	3.6	—	29.10
方案二	25.50	—	3.60	29.10
方案三	22.50	—	3.90	26.40
方案四	25.07	—	3.98	29.05

各技术方案设计思路如下。

方案一：电絮凝+薄膜蒸馏+烟道蒸发（烟道蒸发方案）。

首先，采用电絮凝技术对废水原水进行预处理，以去除废水中的悬浮物、大分子有机物和其他还原性污染物。经过预处理的废水进入薄膜蒸馏工段，在微负压作用下蒸发分离出水分子，废水在此工段被分离出大量高质量的洁净水。薄膜蒸馏工段浓缩产生的浓盐水进入烟道蒸发工段，被直接喷入锅炉尾部高温烟气中，浓盐水中的水分在烟气余温作用下被蒸发，含盐杂质进入除尘器等烟气处理装置进行处理。在本技术方案中，洁净水被大量分离出来，可回收利用，废水中的含盐污染物成为一小部分飞灰被烟气除尘装置捕捉。

方案二：电絮凝+薄膜蒸馏+MVR蒸发（混盐方案）。

在方案一中，经过薄膜蒸馏得到的4.5 t/h浓盐水以烟道蒸发的方式处理，使得其中3.6 t/h的水分流失。为了进一步将这一部分水分捕集利用，同时也为了将蒸发剩余的固体杂质收集，减少对烟道的腐蚀，方案二在方案一的基础上，将薄膜蒸馏浓缩得到的浓盐水导入MVR蒸发结晶系统进一步浓缩蒸发、结晶。经过MVR蒸发结晶系统蒸发得到的洁净水可供回收利用，蒸发剩余的含有Na^{+}，Ca^{2+}等无机盐的浓盐水被通入集盐室，经过强制循环热交换器降低处理液温度，进入闪蒸罐继续结晶，结晶后产生的母液经过脱水机脱水，结晶出0.9 t/h固体废弃物（一价盐和二价盐的混合物）。

方案三：管式微滤+纳滤+薄膜蒸馏+MVR蒸发（分盐方案Ⅰ）。

方案二相比方案一能够回收更多的洁净水，但处理产物为各类盐的混合物，不具有利用价值，为了将混合盐中利用价值较高的一价盐（主要为NaCl）提取出来，方案三在方案二的基础上，将预处理工段中的电絮凝技术替换为具有分盐效果的管式微滤和纳滤技术组合，从而将废水分离成原含盐量分别为15%（二价盐）和85%（一价盐）的两种浓缩液。考虑到工程投资的经济性和一价盐的可利用性，本工艺只针对一价盐的浓缩液进行后续处理。经过纳滤分盐处理的水进入薄膜蒸馏系统，分离出大量可供直接利用的洁净水，产生的浓盐水进入MVR蒸发结晶系统进一步浓缩蒸发，并在结晶单元进行结晶脱水，得到含有NaCl的无机盐固体。从纳滤分离出来的剩余（二价盐）浓缩液进入脱硫岛，用作脱硫补给水。

方案四：无软化纳滤+薄膜蒸馏+MVR蒸发（分盐方案Ⅱ）。

方案三相比方案一和方案二，进一步提高了分盐的效果，但该方案采用传统的化学沉淀法作为纳滤分盐工段的预处理方法，因此在预处理工段中需要投加较多药剂，尤其对于高硬度废水而言，将面临较为复杂的水质软化工艺和较高的初期投资及运行成本。为了降低纳滤分盐工段的预处理成本并简化处理流程，本技术方案率先采用GE最新研发的创新工艺——无软化纳滤（non-softening nanofiltration，NSNF）技术，该技术只需在1/3的废水中添加少量$Ca(OH)_2$生成石膏，即可实现对水中二价盐的脱除。经NSNF处理后的含一价盐废水通过薄膜蒸馏系统处理，生成洁净水及少量高浓缩的含一价盐废液（约占总废水量的1/8），MVR蒸发结晶工段对此部分含盐废液处理，产生固态结晶盐，并将闪蒸产生的蒸汽引入产品水箱。

5.3.2 方案一：电絮凝+薄膜蒸馏+烟道蒸发（烟道蒸发方案）

在本技术方案中，首先将废水原水通入预处理工段，去除固体悬浮物和还原性污染物；然后进入薄膜蒸馏工段，分离出大量可供直接利用的洁净水，产生的浓盐水被喷入烟道蒸发，浓盐水中的水分随烟气排出，浓盐水中的盐分被烟气中的颗粒物及投加的药剂捕捉，最终被除尘器等装置捕集排出系统。

5.3.2.1 工艺流程

方案一工艺流程如下。

① 废水首先进入预处理工段，以去除水中的悬浮物和还原性溶解性组分，为后续工段的正常有效运行提供保障。在本工段，废水原水首先被通入电催化反应管，对水中的杂质进行氧化、分解；然后使用电气浮方法将氧化、分解后的大粒径杂质气浮，形成浮渣，裹挟部分Ca^{2+}，Mg^{2+}，降低废水硬度。

② 经过预处理的废水进入薄膜蒸馏工段。薄膜蒸馏工段是整个废水零排放处理系统中对废水进行减量化的核心工段。在此工段中，废水通过进料泵，经板式换热器预热后，进入薄膜蒸馏器，预热器热源为厂里的蒸汽，薄膜蒸馏器采用强制循环蒸发形式，经加热室加热的物料在薄膜蒸馏器内过滤，同时真空系统抽去蒸发产生的水分。当含有盐分的物料浓度达到一定值时，开启出料阀门，进入浓盐水储罐。

③ 经过薄膜蒸馏器处理后的浓盐水，被直接喷入锅炉尾部高温烟气中，利用烟气余热使其蒸发形成过热水蒸气；然后进入除尘器和脱硫装置进行排放，可以大大简化浓缩废水的后续处理流程和系统设置。

5.3.2.2 系统组成

技术方案一系统由预处理系统（电絮凝）、薄膜蒸馏系统和烟道蒸发系统组成。

（1）预处理系统。

本阶段实现废水原水中悬浮物和还原性污染物的去除。该系统的主要作用在于通过电化学催化反应并适当添加药剂，在水中产生絮凝物、氧化部分污染物及消除大量细微气泡，将水中的悬浮固体及还原性污染物如SO_3^{2-}、有机物等形成浮渣等固体杂质，然后利用过滤器将固体杂质分离，将易导致堵塞薄膜蒸馏器的成分有效去除。

（2）薄膜蒸馏系统。

薄膜蒸馏系统是本方案最主要的系统，其作用是借助由纳米薄膜材料制作的薄膜蒸馏器，将废水进行高倍率浓缩，同时产出绝大多数可供回用的洁净水，起到了为后续处理工段减少处理负担的作用。

（3）烟道蒸发系统。

烟道蒸发系统是整个废水零排放处理系统的尾端处理单元，经过薄膜蒸馏系统减量和浓缩的浓盐水，在此系统中借助少量烟道热量实现水分与杂质的分离，水分以水蒸气的形式随烟气排出，杂质被旋转喷雾装置和后续除尘装置捕集。

5.3.2.3 预处理系统

（1）预处理方案比选。

常见的电厂废水预处理技术有两种，一是“三联箱”化学沉淀法，二是电絮凝法。

“三联箱”化学沉淀法主要包括中和沉淀、重金属沉淀、混凝沉淀和澄清等工序，由于在实际工程应用中，中和、反应和絮凝过程需要较大的容器，因此通常将中和箱、反应箱和絮凝箱称为“三联箱”，“三联箱”化学沉淀法的称呼由此而来。

“三联箱”化学沉淀法的工艺流程通常为：将废水通入中和池，向中和池中加入NaOH或$Ca(OH)_2$等碱性物质，废水pH值不断上升，当废水pH值上升到一定水平时，废水中的Fe^{3+}，Zn^{2+}，Cu^{2+}，Ni^{2+}，Cr^{3+}等大部分重金属离子生成氢氧化物沉淀得以去除。为避免废水pH值过高使已生成的沉淀可能生成溶解性的羟基化合物，通常将中和池的pH值调节到9左右。经过中和的废水进入反应池进行充分的反应，与此同时向废水中加入S^{2-}或有机硫，使废水中的Hg^{2+}，Pb^{2+}等成为硫化物沉淀。经过反应池的废水进入絮凝池，在絮凝池中投入絮凝剂，可去除水中的颗粒和胶体物质。絮凝后的废水进入澄清池，依靠重力沉降，上清液达标后排出，污泥进行浓缩处理。

电絮凝是一种运用电解和电混凝原理去除废水中有毒有害物质的方法。一方面，金属阳极生成的氢氧化物胶体可以发挥絮凝作用；另一方面，阴极产生的氢气，会以微小气泡形式逸出，可以产生气浮效果。同时阳极表面产生的原子态氧、羟基自由基等大量中间产物具备较强的氧化性，而阴极表面产生的原子态氢具有很强的还原性，可实现对水中污染物的全面去除。

相比“三联箱”化学沉淀法，电絮凝法综合了电解和絮凝沉淀的优点，能以较小的加药量、较低的耗电量及较小的占地面积显著降低废水的总固态悬浮物（TSS）、化学需氧量（COD）和总氮水平，可去除水中75%～99%的总有机成分（TOC），且无论进水负载高低，电絮凝设备都可以依据排放或其他用途要求搭配最终深度净化处理的设备成为完整的系统。

在降低运行过程中，为控制废水硬度投加药剂的成本，同时确保薄膜蒸馏工段相应沉淀絮凝效率要求，本技术方案预处理系统可选用电絮凝技术。

（2）工艺流程。

在本工段中，原水进入处理装置后，可加入适量$Ca(OH)_2$以将pH值调整到5.5～7.5，再根据pH值加入少量铁基或铝基絮凝剂。若电导率不足，可加入少量工业盐以提高电导率。

化学处理后的原水，经过复合金属氧化物反应器，将悬浮物质推升至液面，采用刮渣器刮除浮渣（悬浮物质），此过程大约需要10～15 min。

预处理阶段的最后环节为保安过滤。采用过滤精度为20 μm的自动清洗保安过滤器，将经过絮凝气浮的废水中残余的悬浮物滤除，以保护后段的薄膜蒸馏系统。通过预处理，废水的TSS可降至50 mg/L以下。

（3）主要设备。

预处理系统主要设备包括原水泵、气浮池、复合反应器和加药装置。

（4）设备主要能耗指标。

预处理系统能耗见表5.6。

表5.6　预处理系统主要能耗

项目	单位	指标值
系统处理量	t/h	30
电耗	kW·h/t	3～5
药品消耗（PAC）	L/t	0.5

（5）工艺条件。

① 占地面积。

气浮池：（长）5000 mm×（宽）1500 mm×（高）2000 mm。

反应器：（长）5000 mm×（宽）1500 mm×（高）2000 mm。

② 外部条件要求。

表压3.5 kg的饱和蒸汽、表压6 kg的仪表空气、380 V工业电、自来水、消防水。

5.3.2.4　薄膜蒸馏系统

薄膜蒸馏系统主要含四个子系统，分别为预热系统（板式换热器）、膜蒸发系统（薄膜蒸馏器）、冷却系统和真空维持系统。

（1）预热系统。

为提高蒸发效率、降低能耗，本工艺对进入薄膜蒸馏系统之前的原液进行预热，预热器采用板式换热器。原废液预热至一定温度后进入薄膜蒸馏系统进行蒸发，当盐水中间罐中物料浓度达到一定值时，开启出料阀门，系统将浓盐水泵送至浓盐水储罐。预热系统采用传热系数高、占地面积小的板式换热器进行预热。

（2）膜蒸发系统。

本系统总处理量为30 t/h，薄膜蒸馏系统蒸发量为25.5 t/h。综合考虑分离效果与成本，本系统采用美国膜蒸发技术，多组薄膜蒸馏器（ME205型）并联使用，实现在分子水平上的净化处理。这种方法确保只让水分子通过，提供超纯净水。

（3）真空维持系统。

薄膜蒸馏系统内的负压条件由水冷器和真空泵共同维持，水冷器降低真空泵的工作负荷，真空泵不断将系统内的未凝气体抽出，同时本系统采用水环式真空泵闭路循环系统，以防止含有有机溶剂的被抽气体与真空泵工作液混合，从泵排出口排出后污染环境。薄膜蒸馏技术通过真空系统，将透过高能效薄膜的蒸汽持续抽提，蒸汽在冷凝器中进行冷凝，收集的冷凝纯水可以回用。

（4）运行参数。

薄膜蒸馏系统运行参数见表5.7。

表5.7　薄膜蒸馏系统运行参数

设计条件	盐度/(mg·L⁻¹)	质量流量/(t·h⁻¹)	温度/℃	蒸气压/kPa	绝对压力/kPa
原水	3000	—	30	4.0	108.2
入口污水	88823	4994.3	60	18.6	115.1
出口污水	89610	4950.4	55	15.1	108.2
水蒸气	<10	43.84	60	4.0	4.0
低压冷凝水	<10	43.84	29	4.0	4.0
高压冷凝水	<10	43.84	29	4.0	101.3
入口冷却水	—	4352.5	23	2.8	151.3
出口冷却水	—	4352.5	29	4.0	140.0
浓缩出口	200000	—	55	14.1	115.1

（5）主要设备及工作环境要求。

薄膜蒸馏系统主要设备包括原水进料泵、原水出口泵、浓盐水出口泵、纯水出口泵、冷却水循环泵、真空系统、原水过滤器、冷水收集箱、母液缓冲罐、纯水缓冲罐、原水预热器、蒸汽冷却器、薄膜蒸馏器。

薄膜蒸馏系统设备工作环境要求见表5.8。

表5.8　薄膜蒸馏系统设备工作环境要求

项目	单位	参数
电源	V	380
	kV	10
冷却水供水压力	MPa	0.15 ~ 0.16
冷却水供水温度	℃	23
蒸汽压力	kPa	4
环境气温	℃	−10 ~ 45

（6）设备主要能耗指标。

薄膜蒸馏系统设备主要能耗指标见表5.9。

表 5.9　薄膜蒸馏系统设备主要能耗指标

项目		单位	指标值
系统处理量		t/h	30
蒸汽消耗		t/h	155
运行电负荷		kW	120
循环水	进水	℃	23
	出水	℃	29

（7）工艺条件。

① 占地面积：（长）2300 mm×（宽）800 mm×（高）600 mm。

② 外部条件要求：表压3.5 kg的饱和蒸汽、表压6 kg的仪表空气、380 V工业电、自来水、消防水。

5.3.2.5　烟道蒸发系统

在空气预热器前抽出部分热烟气，浓缩后的浓盐水与此部分烟气混合，从侧面进入旋风分离器，提高混合烟气在分离器中的停留时间，提高蒸发及结晶效率，通过离心力实现结晶后的浓缩盐分离，经分离器底部排出。其他未去除的少量结晶盐由电厂原有除尘器处理。

（1）系统说明。

薄膜蒸馏器浓缩产生的浓盐水将被喷入锅炉尾部烟道。由于浓缩后的废水中含较高浓度的重金属，Cl^-，SO_4^{2-}等有害物质，如果直接将浓缩废水喷射到尾部烟道中，将会影响锅炉尾部受热面的安全运行。因此，考虑废水的腐蚀性及重金属等有害物质对后续常规烟气处理装置的影响，在本技术方案中，首先将浓缩废水蒸发后形成的水汽进行处理，如利用烟气中飞灰的微细小孔吸附部分有害物质，在蒸发过程中分离出或在除尘器区域被捕捉分离出，尽可能减少对脱硫装置的影响。由于吸附方法对有机物和汞的去除效率较低，为了提高对浓缩废水中有机物和气态汞的捕集分离效果，可在烟道中适当位置喷入粉煤灰和溴水的混合物，其中粉煤灰可发挥类似活性炭的效果，吸附废水中的有机物，溴水可与气态汞发生化学反应，生成颗粒形式的汞盐。今后，烟道蒸发系统不仅可作为浓缩废水深度处理的重要手段，也可作为烟气脱汞的试验平台。

在本方案的烟道蒸发系统，将采用旋转喷雾技术，使高温烟气通过反应蒸发器，在反应器的上部设置喷雾喷嘴，将浓缩后的废水向下喷入反应器中，与高速向上的热烟气混合，形成逆向流动，从而进行充分换热，可以确保液滴的充分雾化。在入口烟气中选择性喷入少量粉煤灰和溴水的混合物，反应后，进入旋风分离器，将大颗粒分离出来，净烟气进入机组原除尘设备中，实现粉尘的超低排放。

（2）设计计算。

根据热烟气来源不同，本技术组合方案可进一步分为两种方案，第一种方案采用空气预热器前高温热烟气对废水进行加热蒸发，烟气温度一般为350～380 ℃，过高热度，浓盐水雾化需要烟气流量小。该方案可以降低设备尺寸，降低造价，降温后的烟气与空气预热器出口温度一样，进入除尘器入口。第二种方案采用空气预热器出口的低温烟气对废水进行加热蒸发，实际运行时将废水分左右两侧喷入，减少因烟气流量过大带来的左右两侧偏差。

根据整个喷雾蒸发过程的物质平衡和能量平衡方程，可进行热力计算，结果见表5.10和表5.11。

表5.10　空气预热器前蒸发方案计算结果

项目	单位	数值
入口烟气温度	℃	359
入口烟气焓	kJ/kg	390.41
出口烟气温度	℃	122
出口烟气焓	kJ/kg	125.96
烟气焓变化	kJ/kg	264.45
流量	t/h	44.51
入口废水温度	℃	25
入口废水焓	kJ/kg	104.93
出口废水温度	℃	122
出口废水焓	kJ/kg	2720.64
废水焓变化	kJ/kg	2615.71
流量	t/h	4.5

表5.11　空气预热器后蒸发方案计算结果

项目	单位	数值
入口烟气温度	℃	122

表5.11（续）

项目	单位	数值
入口烟气焓	kJ/kg	125.96
出口烟气温度	℃	105
出口烟气焓	kJ/kg	107.64
烟气焓变化	kJ/kg	18.32
流量	t/h	634.18
入口废水温度	℃	25
入口废水焓	kJ/kg	104.93
出口废水温度	℃	105
出口废水焓	kJ/kg	2686.09
废水焓变化	kJ/kg	2581.16
流量	t/h	4.5

从方案一可知，雾化4.5 t/h废水，从空气预热器入口抽取44.51 t/h烟气加热即可实现，该烟气流量约占锅炉总烟气流量的1.7%，可以认为由于该方案的实施对原锅炉设备正常运行不产生影响，对引风机出力和电耗几乎没有影响。由于4.5 t/h水的加入，烟气中的水蒸气含量大约增加0.17%，不会对酸露点和腐蚀造成根本性改变。

方案二利用低温烟气蒸发，需要较多的烟气量，设备尺寸较大，不经济，不推荐。

烟气经过旋风分离后，喷入反应蒸发器中的吸收剂和水中有害物质被分离出来，一般可以实现80%的分离效率。

该系统的阻力大约为1200 Pa，由于空气预热器在较高锅炉负荷下的前后压差为1500～1800 Pa，因此增添本系统方案后，不需要新增加风机等设备克服系统阻力。

（3）系统特点。

方案一系统具有以下几方面的优点。

① 利用高温热烟气作为废水蒸发的热源，减少系统设备投资。

② 通过逆流换热，可以实现废水的充分蒸发汽化。

③ 通过选择添加粉煤灰、石灰乳或者活性炭可以将废水中有害物质吸附，避免后续工艺系统累计，影响脱硫运行。

④ 经过旋风分离器，80%有害物质被分离，减少污染和腐蚀后续设备及系统。

⑤ 系统阻力低，无须另行设置风机克服系统阻力。

5.3.2.6 技术特点

技术方案一的特点如下。

① 电絮凝预处理装置占地面积小、投资低，可节约处理水运行药剂投加费用25元/t。

② 所采用的膜蒸馏系统为国际当前最先进技术，在美国已实现工业应用，国内企业及研究机构尚处于研究阶段。

③ 膜蒸馏系统将蒸发、蒸馏、过滤及膜处理等工艺整合成为一体化装置，系统复杂程度降低，占地面积小，浓缩效率高，可将废水含盐量浓缩到$2×10^5$ mg/L以上。

④ 经预处理后的浓缩盐废水为4.5 t/h，仅为传统蒸发结晶工艺浓缩盐废水的50%以下，减少后续蒸发及结晶系统的处理水量，降低整体工程造价。

⑤ 膜蒸馏系统中的负压系统可使水的冷凝温度降低至60 ℃，节能效益显著。

⑥ 处理后的冷凝水电导率可达10 μS/cm，经过混床处理后可直接用于锅炉补给水。

⑦ 烟道蒸发结晶工艺采用旋风分离技术，结晶盐去除效率显著提高，提前实现浓缩盐分离，大幅减少浓缩盐在除尘及脱硫系统中的富集和腐蚀作用。

⑧ 初投资低，运行费用低，技术经济性能优势较大。

⑨ 对机组原有除尘、脱硫设备及烟道的腐蚀作用依然存在，无法完全消除。

5.3.3 方案二：电絮凝+薄膜蒸馏+MVR蒸发（混盐方案）

本方案前段与方案一类似，即首先对废水原水进行预处理，然后采用薄膜蒸馏技术进行蒸发处理。薄膜蒸馏工段产生的浓盐水进入MVR蒸发工段，浓盐水在加热和蒸发作用下进一步分离出洁净水，浓缩产生的浓盐水进入结晶工段进行末段处理，通过结晶工段脱水机产生无机盐混合物。在本技术方案中，洁净水被大量分离出来，可回收利用，废水中的含盐污染物以少量固体废弃物的形式被提取出来。

5.3.3.1 工艺流程

图5.1为方案二的工艺流程图和物料衡算图。

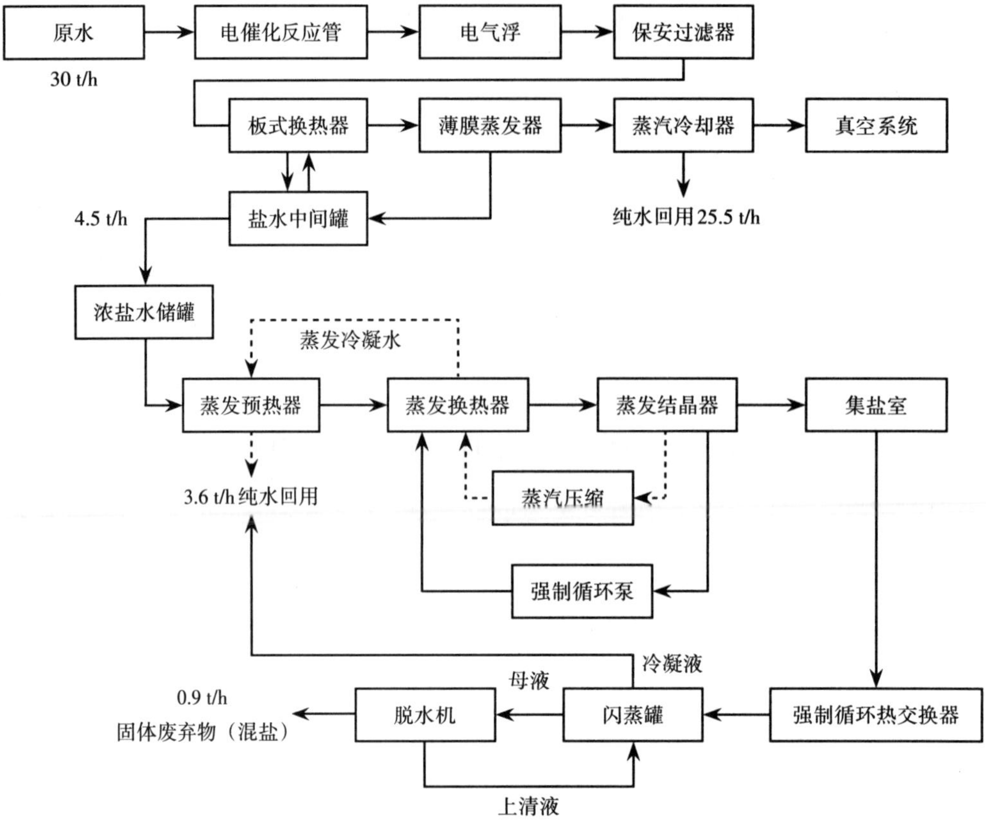

图5.1　方案二工艺流程图及物料衡算图

注：纯水回用为29.1 t/h，固体废弃物为0.9 t/h。

方案二工艺流程如下。

① 废水首先进入预处理系统。该系统流程同方案一。

② 经过预处理的废水进入薄膜蒸馏系统。该系统流程同方案一。

③ 储罐中的浓盐水进入MVR蒸发结晶系统。在MVR蒸发结晶系统，浓盐废水首先进入预热器，通过系统蒸发冷凝水与物料进行换热，然后再进入MVR强制循环结晶蒸发器。蒸发产生的水分经冷凝可被直接利用。在此系统中，废水不断被浓缩，废水中的盐富集在蒸发结晶器的盐浆中。吸盐泵不断将集盐室的含盐废水送至强制循环热交换器中被蒸汽加热，然后进入闪蒸罐。废水中的水分蒸发冷凝形成冷凝液，此时剩下的浓盐水中含有大量结晶产生的盐，带有少量水分的盐进入脱水机进行脱水。固态的盐被分离进入储盐池，分离后的废水进入闪蒸罐继续蒸发结晶。整个过程周而复始，实现水与盐的最终分离。

5.3.3.2　系统组成

技术方案二系统由预处理系统（电絮凝）、薄膜蒸馏系统和MVR蒸发结晶系统组成。

（1）预处理系统（电絮凝）。

同方案一。

（2）薄膜蒸馏系统。

同方案一。

（3）MVR蒸发结晶系统。

MVR蒸发结晶系统是整个废水零排放系统的深度处理单元，经过薄膜蒸馏系统浓缩后的浓盐水在此工段的闪蒸罐中被进一步加热蒸发出洁净水，并通过结晶脱水处理得到一价盐和二价盐的固体混合物，结晶母液返回闪蒸罐中继续蒸发，如此循环往复。

5.3.3.3　预处理系统

本技术方案预处理系统同方案一，同样采用电絮凝方法，主要去除水中的悬浮物和还原性溶解性组分，为后续薄膜蒸馏系统及MVR蒸发工段的正常运行提供保障。

5.3.3.4　薄膜蒸馏系统

本技术方案薄膜蒸馏系统同方案一，经过预处理的废水在此系统被蒸发出大量洁净水，同时产生少量浓盐水，浓盐水进入后续系统进一步处理。

5.3.3.5　MVR蒸发结晶系统

（1）工艺流程。

MVR蒸发结晶系统的工艺流程如下。

原料→原料泵→预热器→MVR蒸发器→MVR结晶分离器→高位槽→板框分离→结晶盐。

（2）系统工艺说明。

在此系统中，浓盐废水首先进入预热器，通过系统蒸发冷凝水与物料进行换热，然后再进入MVR强制循环结晶蒸发器，来自高温部位的二次蒸汽对废水进行加热、蒸发。废水蒸发后的二次蒸汽首先进入蒸汽压缩机，经过蒸汽压缩机加压升温后再回到强制循环蒸发加热器的壳程与废水换热蒸发，这样二次蒸汽不断循环，同时从壳程冷凝后排出。被蒸发的废水不断被浓缩，废水中盐的浓度越来越高，当废水中的盐分超过饱和状态时，在蒸发结晶罐内结晶析出，结晶盐进入后续结晶单元。

结晶单元主要由强制循环换热器和闪蒸罐构成，该单元可以持续蒸发废水并形成结晶。废水经过强制循环热交换器时被蒸汽加热到其常压沸点以上的温度，这种过热的盐水被送入闪蒸罐中，部分水汽化后流过除雾器进入凝结器中，盐水蒸发的过程中，废水中的盐结晶。为了防止形成结垢并提高热交换效率，强制循环换热器采用高速循环设置。

结晶单元内产生的蒸汽流入冷凝器中与冷水热交换后被凝结。这部分冷凝水会与蒸发器的蒸馏水在蒸馏水箱混合，用于给废水进水加热。

强制循环换热器内可产生足够高的静态压，以便抑制过热的盐水在换热器内沸腾。由于强制循环热交换器中并没有沸腾或浓缩的过程，就降低了如膜蒸发过程中因浓度变化而产生的结垢或者污阻。一旦有盐在这些管道内析出，就会导致堵塞或降低性能。维持高循环速度使盐水快速通过热交换管道可防止析出固体。盐水中含有的大量氯化钠成分，也有助于防止结垢性盐类的析出，因为它们有冲洗的作用。高速循环还提高了交换液体的湍流度，使热交换更为高效。

过热盐水流入闪蒸罐中并被汽化。蒸汽流过除雾器接着进入凝结器凝结。新进的盐水与循环浓缩盐水在闪蒸箱中混合，并进入强制循环热交换器加热。

（3）工艺参数。

MVR蒸发工段工艺参数见下表。

表5.12 MVR蒸发工段工艺参数表

进料参数	符号	单位	数值
进料量	F	kg/h	4500
进料浓度	x_0	—	0.15
出料浓度	x_3	—	1
进料温度	t_0	℃	100
MVR蒸发量	W	kg/h	3600
生蒸汽绝压	Pi	kPa	200
生蒸汽温度	T_1	℃	125
生蒸汽量	D_1	kg/h	开机1.6 t，正常160 kg/h
蒸发加热器传热负荷	Q_1	W	2101542
传热温差	Δt_1	℃	7
MVR换热器加热面积	S_1	m²	300
MVR热利用系数	η_1	0	0.98
MVR出料浓度	x_1	0	0.45
MVR出料常压下沸点	t_{A1}	℃	105

表5.12（续）

进料参数	符号	单位	数值
MVR溶液沸点升	$\Delta_{1'}$	℃	8.5
MVR二次蒸汽绝压	$p_{1'}$	kPa	110.6558
MVR二次蒸汽温度	$T_{1'}$	℃	113.1107
MVR传热系数	K_1	W/(m²·℃)	950
MVR进料液比热容	c_{pw}	kJ/(kg·℃)	3.5
MVR二次蒸汽汽化潜热	$r_{3'}$	kJ/kg	2354.9

（4）系统设备说明。

加热器：MVR蒸发器为列管式加热，加热管规格为Φ38 mm，加热器管程采用TA2，管板材质采用TA/316L复合板，加热器的壳程材质为316L不锈材料。

进料泵：采用材质为2205材料泵作为进料泵。

循环泵、出料泵：要求密封良好，耐温，保证在负压状态下能使高浓度物料或结晶物料连续出料工作，材质为S2507材料。

冷凝器：采用列管式冷凝器，换热管规格为Φ32 mm，冷凝器管程及管板材质采用S2205材料，冷凝器的壳程材质为S2205不锈钢材料。

真空机组：采用水环式真空泵。

脱水机：系统配套板框脱水机，用于结晶盐的脱水。

仪表：所有压力、温度、真空用传感器检测，现场显示。

MVR蒸发结晶系统主要设备包括浓盐水储罐、MVR结晶分离室、离心机、母液罐、高位槽、MVR冷凝水罐、送料泵、MVR轴流泵、MVR出料泵、母液循环泵、MVR冷凝水泵、MVR加热器、冷凝液预热器、蒸汽预热器、尾气冷凝器等。

（5）能耗。

MVR工段能耗见表5.13。

表5.13　MVR蒸发结晶工段耗能量

项目	单位	数值
系统运行能耗		
蒸汽	kg/h	160
电运行负荷	kW	215

表5.13（续）

项目	单位	数值
单耗（以每吨原水计）		
蒸汽	t/t	0.035
电耗	kW/t	47.8

（6）工艺条件。

占地面积：长×宽=20 m×6 m。

电厂方面应提供并送至MVR蒸发装置的水、电、汽及气：表压3.5 kg的饱和蒸汽、表压6 kg的仪表空气、380 V工业电、自来水、消防水。

电厂方面应提供一个容积为50 m³的进料缓存水池。

MVR蒸发工段外部条件要求见表5.14。

表5.14　MVR蒸发工段外部条件要求

项目	参数	设计容量
电源	380 V	20 kV·A
冷却水	0.3 ~ 0.4 MPa，23 ℃	10 t/h
蒸汽	4 kPa	3 t/h
压缩空气	0.4 ~ 0.8 MPa	
环境气温	−10 ~ 45 ℃	
工程建筑面积	单层层高10 m+4 m	120 m^2+200 m^2

5.3.3.6　技术特点

本技术方案的特点如下。

① 利用并发挥了膜蒸馏技术的优势。

② MVR蒸发工艺较为成熟，处理效果理想、可靠。

③ 采用薄膜蒸馏技术与MVR技术相结合的方案，可取长补短，集中两项工艺的优势，从而降低消耗蒸汽量，节约能源。

④ 相比方案一，MVR蒸发工段和结晶工段分离收集得到的3.6 t/h冷凝水可直接回收利用，废水资源化利用率更高。

⑤ 本方案最终处理产物为洁净水和固体盐混合物，对一价盐和二价盐仍未进行分离，一部分利用价值相对较高的一价盐被混在二价盐及杂质中，无法利用。

5.3.4　方案三：管式微滤+纳滤+薄膜蒸馏+MVR蒸发（分盐方案 I ）

本方案在方案二的基础上，将MVR蒸发结晶工段产生的浓盐水引入分盐结晶系统，通过加药、沉淀、过滤、纳滤等处理手段，将浓盐水中的Na^+等一价盐和Ca^{2+}，Mg^{2+}等二价盐分离开。在本技术方案中，相比方案二进一步得到了不同价态的无机盐，分离出的盐可被直接出售或利用，提高了废水的资源化利用。由于最终得到的盐不是固体废弃物，因此本技术方案对废水的处理更为彻底。

5.3.4.1　工艺流程

图5.2为方案三的工艺流程图和物料衡算图。

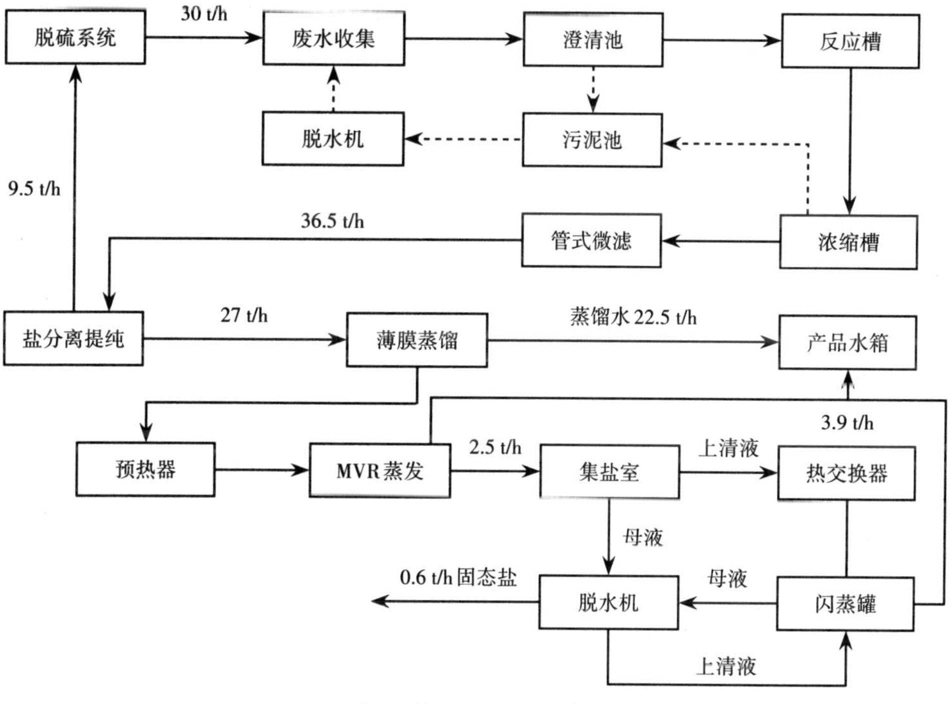

图5.2　方案三工艺流程图及物料衡算图

注：纯水回用为26.4 t/h，返回脱硫系统9.5 t/h。MVR蒸发后采用同方案二的闪蒸工艺，最终固态盐产品为0.6 t/h。

方案三工艺流程如下。

① 废水首先进入预处理系统，为保证纳滤分盐工段的正常稳定运行，本方案预处理工段采用加药软化与管式微滤组合技术，废水原水首先在澄清池里澄清，沉淀得到的污泥储存在污泥池，污泥经过脱水后，固体排出系统，清液返回澄清池。经过澄清

的废水进入添加了软化剂的反应槽，部分二价盐得以沉淀并被引入污泥池，剩余清液进入管式微滤单元，水中的悬浮物被拦截，滤液进入纳滤分盐系统。

② 经过预处理的废水进入纳滤单元，被分离成少量以二价盐为主要溶质的浓缩液和大量以一价盐为主要溶质的浓缩液，前者引回脱硫岛作为补给水，后者进入薄膜蒸馏系统。

③ 薄膜蒸馏系统工艺流程同方案一。

④ MVR蒸发结晶系统工艺流程同方案一。

5.3.4.2 系统组成

技术方案三系统由预处理系统（软化+管式微滤）、分盐及提纯系统（两级纳滤）、薄膜蒸馏系统和MVR蒸发结晶系统组成。

（1）预处理系统（软化+管式微滤）。

本阶段实现加药软化和管式膜固液分离。该工艺的侧重点在于添加药剂将水中的二价阳离子例如Ca^{2+}，Mg^{2+}，Ba^{2+}，Sr^{2+}等和SiO_2形成沉淀物，然后利用管式膜在高浓度悬浮固体下实现良好的固液分离效果，将这些易导致纳滤膜结垢的成分有效去除。

（2）分盐及提纯系统（两级纳滤）。

本阶段实现NaCl的分盐及提纯。该工艺采用的是两级纳滤处理系统，去除大部分高价阴阳离子以达到提纯NaCl的目的。一级纳滤产水率为75%，含盐浓水返回脱硫原水端回用；二级纳滤产水率为90%，二级纳滤含盐浓水回到一级纳滤入口。该系统总产水率为73.0%。

（3）薄膜蒸馏系统。

同方案一。

（4）MVR蒸发结晶系统。

同方案二。

5.3.4.3 预处理系统

本系统主要采用软化工艺（化学加药软化+管式膜固液分离）。管式膜产水水质预期见表5.15。

表5.15 管式膜产水水质预期表

项目	单位	管式膜出水水质
pH值	—	8.0
电导率	μS/cm	—
浊度	NTU	<1.0

表5.15（续）

项目	单位	管式膜出水水质
Ca^{2+}	mg/L	1～20
Mg^{2+}	mg/L	1～20
溶解态 SiO_2	mg/L	1～10

注：管式膜出水pH值较高，因为在管式膜之前的预处理化学加药软化过程中需要较高的pH值才能将致垢成分形成不溶物沉淀。在管式膜产水侧，需要添加适量的酸将pH值回调到8.0左右；基本上管式膜出水与系统进水的电导率相当或略有提高，其原因在于药剂的投入，生成了$Mg(OH)_2$和$CaCO_3$沉淀，但带入了Na^+，总溶解固体的趋势较难判断。总之管式膜是以除去硬度和二价离子及SiO_2为目的的固液分离手段，并非以除盐为目的，后者是由纳滤来完成的。

（1）工艺流程描述。

根据设计原则，选择药剂软化+管式膜固液分离的处理工艺，本系统的工艺流程图见图5.3。

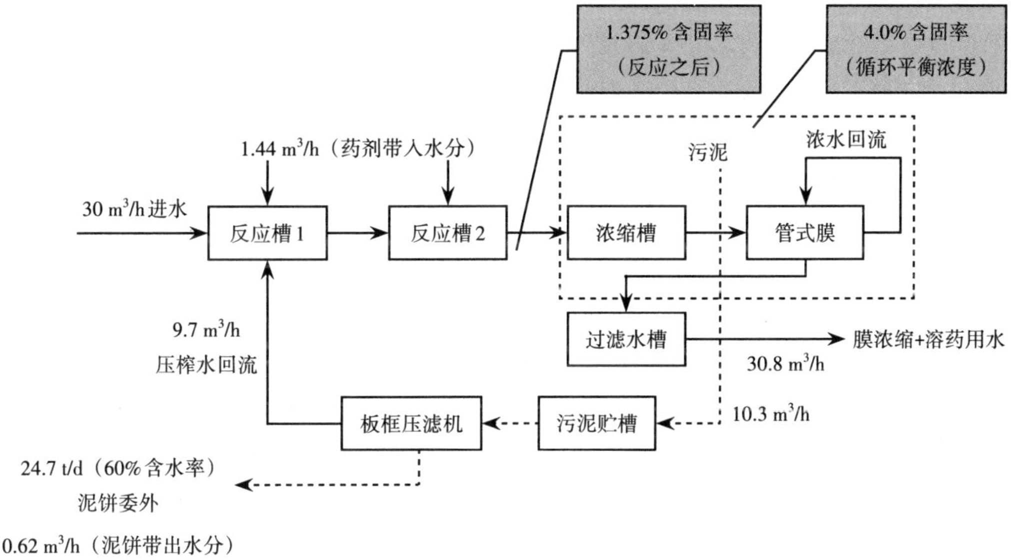

图5.3　预处理系统工艺流程图

（2）系统工艺简述。

废水流入反应槽，在第一反应槽内添加相关药剂，进行pH值粗调，形成$Mg(OH)_2$和$CaCO_3$的沉淀物，同时$Mg(OH)_2$携带SiO_2形成共沉淀。此外根据实际情况，有时可能还需要添加一定量NaClO用于抑制微生物滋生；然后废水流入第二反应槽，继续补充添加药剂，对pH值进行精调，使得反应更加完全。两级反应槽分别进行机械搅拌和pH值监控。经过反应的水（含有反应生成的悬浮固体）溢流到管式膜的浓缩槽内，用循环泵输送到管式膜进行固液分离。此时，大流量的水在废水浓缩槽和管式膜之间循环，而部分膜透过水（等同于输入的水量）送往过滤中间水槽短期贮存，将pH值回调到中性之后，部分作为纳滤的进水，在纳滤系统内进行进一步的脱盐处理，该纳滤透产水可根据电厂要求回用到除盐水站，或作为冷却塔补水。

同时，管式膜还产生一定量的浓缩液（污泥），需要送往污泥脱水系统，经过板框压滤机脱水之后，脱水泥饼委外处理或直接填埋，脱离水则回流到系统前端再次处理。(污泥发生量首先取决于水量和进水水质尤其是其中的钙镁离子浓度，其次取决于所加药剂的类型，如添加石灰自然会带入钙离子，会形成更多的污泥；又如为了除硅需要添加镁盐，那么这些镁盐自然也会形成相应地不溶物，最终成为污泥）

考虑到待回用的废水可能含有一定的有机物，在此基础上可能需要活性炭过滤器将TOC降低到一定程度，避免造成回收纳滤膜的污堵，但若进水TOC足够低，则无需考虑设置活性炭过滤器。同时，活性炭过滤器还能去除前处理水中的残留氧化剂(余氯)。

另一种可行的去除有机物的工艺为在反应槽内同时添加适量的粉末活性炭，粉末活性炭相对于颗粒炭来讲表面积和吸附容量更高，相应地消耗量较小，并且可使用现有的反应槽和搅拌机设备，无需专门设置活性炭过滤器。其缺点是使得系统污泥量增多，并且需要粉末活性炭的搅拌混合装置（粉炭溶解槽）和输送加药装置（气动隔膜泵）作为循环加药系统。

预处理系统各工艺段功能特点见表5.16。

表5.16　各工艺段功能特点

工艺设备	主要功能	备注
第一反应槽	根据情况选择添加适当药剂，pH值粗调，充分搅拌，混合反应，形成悬浮固体	一般30 min停留时间，带搅拌和pH值监控
第二反应槽	根据情况选择添加适当药剂，pH值精调，充分搅拌，混合反应，形成悬浮固体	一般30 min停留时间，带搅拌和pH值监控
管式膜浓缩槽	管式膜错流供水和浓缩污泥暂时存放	不小于循环泵2 min吸水量，带液位控制
管式膜系统	0.05 μm孔径的管式膜，错流模式下进行固液分离，截留悬浮固体	
过滤水槽	管式膜透过水暂存，并输送到后续处理工艺段（管式膜产水进该水槽前加酸回调pH值到正常范围）	

（3）系统加药情况和污泥发生量情况。

根据给定的进水水质和水量，理论计算得出该系统软化所需的加药类型和加药量，以及悬浮固体发生量，结果见表5.17。

表5.17　加药量及悬浮固体发生量理论计算结果

NaOH加药量/（$mg \cdot L^{-1}$）	4796.8
Na_2CO_3加药量/（$mg \cdot L^{-1}$）	8828.6
反应后总*SS*量/（$mg \cdot L^{-1}$）	13728.8
固含量/%	1.37
浓缩液排出量/（$m^3 \cdot h^{-1}$）	10.3
浓缩液排出量/（$m^3 \cdot d^{-1}$）	247.1
pH值回调HCl量/（$mg \cdot L^{-1}$）	39.2

注：以上计算结果是基于前述的水质水量数据得出的理论计算结果，仅供参考。

（4）工艺说明。

① 管式膜预处理系统。系统由化学加药系统和两级反应池组成，在两个反应槽内，根据工艺需要添加相应的化学药剂，并对pH值进行精确控制，通过充分的机械搅拌使得药剂和进水完全混合发生反应，经过两级反应后的含沉淀物的水溢流进入管式膜的浓缩池。同时两级反应池均配有机械搅拌装置，避免沉淀物沉入池底。

② 管式膜系统。管式膜系统由浓缩水池、管式膜和其他配套设备组成。浓缩水池可接收不断被管式膜浓缩的污水，保持污泥浓度达到最佳状态。管式膜的结构是膜被浇铸在多孔材料管的内部。含被过滤物质（固体）的水流透过膜后，再透过多孔支撑材料，进入产水侧（水被净化）。被膜截留的固体颗粒在水流的推动下，不会停留在膜表面，而是在膜表面起到一定的冲刷作用，避免污染物在膜表面停留。

错流式过滤方式是为了达到非常好的出水水质，代替传统的沉降或澄清工艺。利用微孔的膜把废水中的沉淀物分离出来。它不需要沉淀物粒径足够大和比重足够大，所以当把物质从溶解状态转化为不溶状态后，它是一种更有效的分离方法。

与普通的中空纤维超滤不同，管式膜可以承受很高的污泥浓度（2%～5%），和极高的pH值，在pH值为强碱性的条件下也能正常稳定地工作。

不同于传统的沉淀分离工艺，首先，管式过滤的固液分离工艺的滤过液浊度已足够低，可直接送往后续处理系统而不需要任何进一步的除浊设施；其次，不需要添加絮凝剂。在传统工艺中，正因为固液分离阶段需要添加絮凝剂，给后续设备带来极大的麻烦（难以恢复的污堵，和断丝导致的难以预期的进水水质）；最后，则是无需过量的药剂投加，因此既不会产生过多的污泥，又不会向系统带入过量的离子负荷。

③ 管式膜水槽及pH值回调。管式膜产水基本无压，自流到过滤水槽，在此前可考虑管道加药或设置pH值调整槽，或在过滤水槽和提升泵后的管道上添加酸将pH值回调到7.5～8.0；同时，如果在前面的反应槽内添加NaClO用于抑菌，则需要在管式膜产水添加适量的$NaHSO_3$以便除去水中的余氯，并设计必要的监控仪表（ORP仪表或余氯计）以免影响后续设备正常运行。还原剂的添加在此方案中没有考虑，电厂可自行设置。

（5）工艺单元设备说明。

预处理系统的主要设备如下。

① 第一反应槽：反应槽搅拌机、相关加药系统、药剂注入阀门/管路、排空阀门/管路、浸没式pH计。

② 第二反应槽：反应槽搅拌机、相关加药系统、药剂注入阀门/管路、排空阀门/管路、浸没式pH计。

③ TMF膜循环浓缩槽：反应槽搅拌机、相关加药系统、药剂注入阀门/管路、排空阀门/管路、超声波液位计或电极式液位开关。

④ TMF膜循环泵：泵出口塑料隔膜压力表、压力探头（可选）、流量计（可选）、泵进出口阀门/管路。

⑤ 污泥移送泵：泵出口塑料隔膜压力表（可选）、流量计（可选）、泵进出口阀门/管路。

⑥ TMF膜单元：管道阀门系统、反洗柱。

⑦ TMF膜化学清洗系统：清洗箱、清洗泵、管道阀门系统。

⑧ TMF膜反冲/正冲系统：反洗泵、管道阀门系统。

⑨ 污泥储槽：大孔曝气管路系统、超声波液位计或电极式液位开关。

⑩ 污泥供给泵：泵进出口阀门/管路。

⑪ 板框压滤机：相关管路和阀门系统、框架结构、太空袋、管路系统、液压站、脱离水回流系统（根据高程配置，可能需要脱离水箱和脱离水泵，如高程配置合理则自流回各反应槽）。

⑫ 化学加药单元：液碱（氢氧化钠）储存加药系统（液碱储槽、液碱循环泵）、盐酸或硫酸加药系统（酸计量槽、酸计量泵）、漂白水（次氯酸钠）加药系统（次氯酸钠计量槽、次氯酸钠计量泵）。

5.3.4.4 分盐及提纯系统

方案三系统的主要目的是一价盐溶液分离及NaCl提纯。该工艺采用两级纳滤处理系统，去除大部分高价阴阳离子以达到提纯NaCl的目的。一级纳滤回收率为75%，浓水返回到脱硫原水端回用；二级纳滤回收率为90%，浓水回到一级纳滤入口。该系统的回收率为73.0%。本系统运行参数指标见表5.18。

表5.18 纳滤分盐系统运行参数指标

项目	单位	水质指标
原水水量	t/h	30
产品水水量	t/h	22.0
回收率	%	73.4
进水TDS	mg/L	24700
出水TDS	mg/L	22000
NaCl纯度	%	>97
出水SO_4^{2-}	mg/L	<20
出水SiO_2	mg/L	0

（1）纳滤分盐设备的设置及运行。

纳滤（NF）是一种新型分子级的膜分离技术。它是适宜于分离分子量在200 g/mol以上，分子大小为1 nm的溶解组分的膜工艺，故被命名为“纳滤”，该膜称为“纳滤膜”。纳滤也属于压力驱动型膜过程，操作压力通常为0.5～1.5 MPa，一般为0.7 MPa左右，最低时为0.3 MPa。

纳滤分离原理近似机械筛分，但是纳滤膜本体带有电荷性，因此，其分离机理只能说近似机械筛分，同时也有溶解扩散效应在内。这是它在很低压力下仍具有较高的大分子与二价盐截留效果的重要原因。与反渗透相比，纳滤过程对单价离子和分子量低于200的有机物截留较差，而对二价或多价离子及分子量在500以上的有机物有较高截留率，而对一价盐离子则几乎不作截留。基于纳滤膜的以上特性，其被本系统用于氯化钠分盐处理的提纯。

系统设置为两级纳滤：原水经提升泵、保安过滤器进一级纳滤，一级纳滤设增压循环泵及纳滤设备；一级纳滤出水进缓冲水箱，水箱出水经增压泵进二级纳滤设备。一级纳滤回收率为75%，浓水回到脱硫用水处；二级纳滤回收率为90%，浓水回到一级纳滤入口。两级纳滤的整体回收率为73.0%。

（2）纳滤分盐设备及附属设备清单。

纳滤分盐设备主要包括：

一级纳滤设备：纳滤膜、保安过滤器、增压泵、阀门/管路、排空阀门/管路。

二级纳滤设备：纳滤膜、增压泵、阀门/管路。

5.3.4.5 薄膜蒸馏系统

经分盐提纯系统处理的水，NaCl的纯度可达到97%，该部分水经保安过滤器后进入薄膜蒸馏器进行浓缩处理。

技术方案三薄膜蒸馏系统基本同方案一，不同的是在本方案中，薄膜蒸馏系统处理量为27 t/h，蒸发量为22.5 t/h。

5.3.4.6 MVR蒸发结晶系统

技术方案三MVR蒸发结晶系统同方案二。经过薄膜蒸馏的废水在此系统被进一步蒸发出大量洁净水，产生的少量浓盐水通过结晶单元可以提取固体NaCl。

5.3.4.7 技术特点

技术方案三的特点如下。

① 纳滤分盐技术路线成熟，在国内已有实际工程应用，管式微滤+纳滤分盐的技术组合在实际工程中应用案例较多。

② 利用和发挥了膜蒸馏技术的优势，薄膜蒸馏系统可产出22.5 t/h的洁净水，处理高效。

③ 分离出来的一价盐可直接利用，减少了废水处理过程中危险固体废弃物的产生量，具有更好的环境效益和经济效益。

④ 二价盐返回预处理系统与Ca^{2+}，Mg^{2+}反应，降低硬度。

⑤ 由于预处理工段需要投加较多药剂，故本方案运行费用较高。

5.3.5 方案四：无软化纳滤+薄膜蒸馏+MVR蒸发（分盐方案Ⅱ）

本方案是采用GE公司开发的无软化纳滤方案，结合方案三的MVR蒸发结晶方案。仅在废水中添加少量$Ca(OH)_2$生成石膏，实现对二价盐的脱除。含一价盐废水通过薄膜蒸馏工段，生成净水及少量高浓缩的含一价盐废液（约占总废水量的1/8）。MVR蒸发工段仅需对此部分含盐废液处理，产生固态结晶盐，并将闪蒸产生的蒸汽引入产品水箱。

5.3.5.1 工艺流程

图5.4为方案四的工艺流程图和物料衡算图。

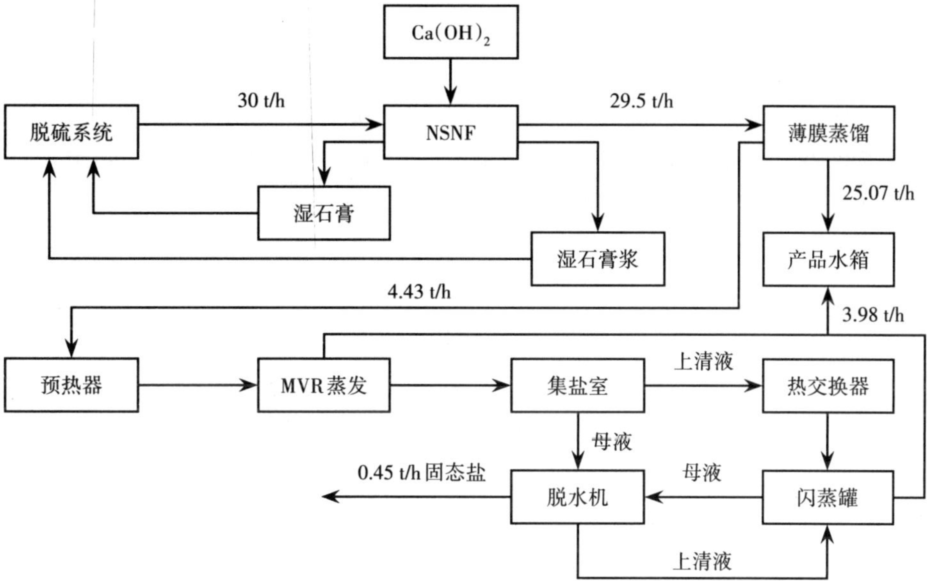

图5.4 方案四工艺流程图及物料衡算图

方案四工艺流程如下。

① 经过砂滤预处理的废水进入NSNF系统，其中的二级纳滤膜系统对SO_4^{2-}的去除率大于98%，对Ca^{2+}，Mg^{2+}去除率大于97%，系统产水为NaCl和少量其他的一价杂盐。

② 含一价盐的废水进入薄膜蒸馏系统。该系统工艺流程同方案一。

③ MVR蒸发结晶工段工艺流程同方案一。

5.3.5.2 系统组成

技术方案四系统由分盐及提纯系统（无软化纳滤）、薄膜蒸馏系统和MVR蒸发结晶系统组成。

（1）分盐及提纯系统（无软化纳滤）。

本系统主要包含一级纳滤、石膏反应分离装置（gypsum reaction separating device，GRS）和二级纳滤。废水在此系统中不需要进行软化处理，一级纳滤出水进入GRS内并与少量$Ca(OH)_2$混合，废水中的SO_4^{2-}生成石膏，并由GRS分离；残余废水进入二级纳滤，产生洁净水，剩余浓缩液继续引回GRS进行循环处理。$CaSO_4$饱和的高硬度原水通过两级纳滤浓缩，可去除大于98%的硫酸根，对Ca^{2+}，Mg^{2+}去除率大于97%。本系统可分离出含一价盐（NaCl和少量其他的一价杂盐）的废水及含二价盐的废水。

（2）薄膜蒸馏系统。

同方案一。

（3）MVR蒸发结晶系统。

同方案二。

5.3.5.3 分盐及提纯系统

（1）NSNF工艺简述。

为了解决脱硫废水等高硬度废水软化工艺复杂、投资和运行成本高的问题，GE公司推出NSNF无软化纳滤膜处理工艺。

在NSNF工艺中，废水原水经过砂滤过滤后首先进入一级纳滤单元，投加阻垢剂控制过废水中的过饱和$CaSO_4$不发生结垢，一级纳滤产生的浓液经过GRS，使过饱和$CaSO_4$以沉淀形式析出石膏泥并排出系统，GRS系统清液经过砂滤后投加阻垢剂在二级纳滤单元中继续浓缩，部分二级纳滤浓液与一级纳滤浓液汇合进入GRS系统并分离过饱和$CaSO_4$。一级纳滤及二级纳滤膜系统对SO_4^{2-}的去除率大于98%，对Ca^{2+}，Mg^{2+}去除率大于97%，系统产水为NaCl和少量其他的一价杂盐。NSNF系统浓液经石灰反应后，镁石膏排出系统，清液返回GRS系统，因此本系统没有浓废水排放。

（2）NSNF的技术特点。

① 无需软化预处理，节省了常规软化所需的药剂费用。

② 对于脱硫废水水质，NSNF无浓水排放，无需Na_2SO_4产品的处置。

③ 无反复酸碱中和反应，原水初始NaCl含量不增加，减少了NaCl蒸发结晶器的投资和运行费用。

④ 无$CaCO_3$污泥，固体废物总量少，处置费用低。

（3）NSNF设计物料衡算。

设计水质按照优化石灰处理“三联箱”出水，见表5.19。

表5.19 NSNF系统设计水质

分析项目	单位	设计指标
色度	—	无
嗅	—	无
沉淀	—	无
透明度	—	清
浊度	NTU	13.75
全固形物	mg/L	22291.68
溶解固形物	mg/L	22229.6
悬浮物（SS）	mg/L	62.08
全硅	mg/L	19.85

表5.19（续）

分析项目		单位	设计指标
Ca^{2+}		mg/L	679.7
Mg^{2+}		mg/L	527.1
Cl^-		mg/L	9823.13
SO_4^{2-}		mg/L	3704.25
OH^-		mg/L	0
CO_3^{2-}		mg/L	80
HCO_3^-		mg/L	81.72
NO_3^-		mg/L	139.02
PO_4^{3-}		mg/L	0
Na^+		mg/L	6195.39
Cu		μg/L	52.37
Fe		μg/L	122.82
碱度	P（酚酞碱度）	mmol/L	2.67
	M（全碱度，甲基橙碱度）	mmol/L	4
硬度	全硬（$1/2[Ca^{2+}+Mg^{2+}]$）	mmol/L	77.92
	暂硬（$1/2[Ca^{2+}+Mg^{2+}]$）	mmol/L	4
	永硬（$1/2[Ca^{2+}+Mg^{2+}]$）	mmol/L	73.92
游离 CO_2		mg/L	—
电导率		μS /cm	25511.01
pH 值		—	7.19
F^-		mg/L	17.67
K^+		mg/L	888.45
NH_3^-N		mg/L	59.61
活性硅		mg/L	6.48
COD_{Cr}		mg/L	99.03

（4）NSNF系统进出水水质。

NSNF系统进出水水质见表5.20。

表5.20　NSNF系统进出水水质

项目	单位	进水	出水
流量	m^3/h	30.0	29.5
TDS	mg/L	21400	17330
浊度	NTU	≤3	—
Ca^{2+}	mg/L	680	7
Mg^{2+}	mg/L	527	51
SO_4^{2-}	mg/L	3704	229
Na^+	mg/L	6100	6377
Cl^-	mg/L	9823	10350
HCO_3^-	mg/L	170	140
NaCl纯度	%	—	>97

NSNF系统主要沉淀物如下。

① 脱水后湿石膏：含水量20%，产量102 kg/h。

② 湿石膏浆：含水量50%，产量112 kg/h。

（5）NSNF系统主要设备。

本系统主要设备包括一级提升泵、一级砂滤器、一级纳滤系统、GRS反应沉淀器、二级提升泵、二级砂滤器、二级纳滤系统、石灰反应器、清洗装置、加药设备、板框压滤机、纳滤水箱。

5.3.5.4　薄膜蒸馏系统

技术方案四薄膜蒸馏系统基本同方案一，不同的是，在本方案中，薄膜蒸馏系统处理量为29.5 t/h，蒸发量为25.07 t/h。

5.3.5.5　MVR蒸发结晶系统

技术方案四MVR蒸发结晶系统同方案二。经过薄膜蒸馏的废水在此系统被进一步蒸发出洁净水，产生的少量浓盐水通过结晶单元可以提取固体NaCl。

5.3.5.6 技术特点

技术方案四的特点如下。

① 无需软化预处理，节省常规软化药剂费用，运行成本比传统技术工艺低21元/t。

② 对于脱硫废水水质，由$Ca(OH)_2$对NSNF产生的二价盐浓水进行处理，可直接生成石膏，无需考虑对Na_2SO_4产品（二价盐）的处置。

③ 无反复酸碱中和反应，原水初始NaCl含量不增加，减少了NaCl蒸发结晶器的投资和运行费用。

④ 无$CaCO_3$污泥，固体废物总量少，处置费用低。

⑤ 采用先进的分盐和浓缩技术工艺，MVR蒸发工段仅需负担4.28 t/h的含盐废液处理量，仅为传统工艺的1/2，显著降低工程造价和运行成本。

⑥ 系统总占地面积小，设备投资少，无固体废弃物（二价盐）的处置费用，运行费用低。

⑦ 无软化纳滤，目前尚无实际工程案例可供参考，实施效果具有一定不确定性。

5.3.6 方案推荐

本可行性研究报告基于某废水处理系统建设需求，提出了四种技术方案，分别为① 方案一：电絮凝+薄膜蒸馏+烟道蒸发（烟道蒸发方案）；② 方案二：电絮凝+薄膜蒸馏+MVR蒸发（混盐方案）；③ 方案三：管式微滤+纳滤+薄膜蒸馏+MVR蒸发（分盐方案Ⅰ）；④ 方案四：无软化纳滤+薄膜蒸馏+MVR蒸发（分盐方案Ⅱ）。经过四种工艺方案处理的出水水质完全能够满足排放及回用标准和厂内使用需求。

本报告推荐采用方案一，若环保部门强制要求必须对最终的固体废弃物进行分盐处理时，推荐选用方案四。

5.4 工程建设条件

5.4.1 建设场地

根据电厂的废水深度处理综合改造工程厂区平面布置，以不妨碍电厂现有设备正常运行为基础，施工完成后，对场地的绿化、道路等进行修复，具体布置如下。

在现有脱硫废水处理间附近空地上建设一座脱硫废水预处理设备。

5.4.2 供水

由于供水配套设施均比较齐全，建设条件比较好，满足建设要求。

5.4.3 供电

本次工程主要供电较为集中，化学废水处理系统和脱硫废水处理系统动力电源和控制电源就近取自原380 VAC/220 VAC的低压配电系统。

5.4.4 供汽

脱硫废水综合治理启动时需要接入蒸汽，蒸汽压力为0.3～0.5 MPa，正常运行无蒸汽耗量。

5.4.5 供气

现有压缩空气系统能够满足本次废水系统达标排放综合改造要求，就近接引。

5.4.6 药剂

本项目所采用药剂均为常规药剂，易于购买。

5.5 电气

5.5.1 方案一

5.5.1.1 电气系统

系统新增成套配电系统，根据实际容量及现场条件考虑是否需要增加变压器设备。配电系统采用双路电源进线。电压等级为380 V，配电柜型号为MNS。配电系统负责为系统所有就地电气设备供电。

就地电气设备：所有电气设备均就地设手动启停及急停按钮，成套设备在就地操作箱里。如电动机需进行变频控制，则提供相应地就地变频器柜，变频器应能选择手动、自动运行方式。变频装置安装于变频柜内，防护等级不小于IP42，落地式安装，下进线。

所有电动机使用高效节能电机，达到国家一级能效标准。

5.5.1.2　电气设备选择

6 kV开关柜选用金属铠装封闭式手车式开关柜，柜内6 kV开关设备采用真空断路器方案。

低压脱硫变压器选用SCB10干式变压器。380 V配电装置选用MNS型抽出式开关柜。

380 V电动机回路的保护电器采用塑壳断路器和接触器、马达保护器或热继电器。低压电器的组合将保证在发生短路故障时，各级保护电器有选择性地正确动作。低压系统有不少于20%的备用配电回路。

5.5.1.3　主要电气设备布置

由于废水系统比较分散，不设置集中的配电室。所有配电柜按照系统布置于各个原有系统的配电室内。

5.5.1.4　二次接线及继电保护

各污处理系统中电气系统纳入各系统DCS控制，不设常规控制屏。

380 V进线和分段开关采用框架断路器，低压电动机采用塑壳开关、接触器和智能控保装置作为电动机的控制、保护、测量、信号设备。

各污处理系统的所有开关状态信号、电气事故信号及预告信号均送入各系统DCS。水处理系统控制室不设常规测量表计。

5.5.1.5　照明系统和检修系统供电

室内照明根据不同场所采用不同形式的照明灯具，以满足不同的工作照明需要。室外照明设防水、防尘型照明灯具满足现场工作及巡检需要。

照明系统设置交流正常照明与事故照明；事故照明采用自带蓄电池的应急灯。交流正常照明系统采用380/220 V，3相4线，中性点直接接地系统，各场所的照明电源由各处理系统区域内投标方的MCC供电。所有重要出入口设置应急照明，应急照明时间不少于45 min。

各场所的检修电源由就近或相邻的PC或MCC供电。检修电源箱电源额定电压为400 V；单相230 V，20 A。检修电源箱按规程规范设置漏电保护。

在配电间、泵房、控制室、室外水站等处设置检修电源箱。

废水系统所有电动起吊设施均采用安全滑触线供电。滑触线根据容量采用共箱式或分箱式。

5.5.1.6 防雷接地系统

防雷保护系统的布置、尺寸和结构要求应符合相关的GB，DL及IEC标准。

各区域处理系统的防雷保护应根据需要设计和安装。避雷针和避雷带的引下线在距地面2000 mm及以内应有热镀锌钢管保护管。

各区域处理系统内所有电气设备外壳、金属设备及金属构筑物等均应接地，并符合相关GB，DL及IEC标准的要求。接地电阻不大于4 Ω。站区设的接地网与原主厂房接地网相接。

接地极导体采用F50热镀锌水煤气管；室外接地网采用截面为60 mm×8的镀锌扁钢，室内接地采用浸锌40 mm×4扁钢，接地支线采用热浸锌40 mm×4扁钢。

所有接地导体地下部分采用焊接方式，焊接处应作防护处理；裸露部分采用螺栓连接或焊接，焊接处应作防护处理。

5.5.1.7 通信系统

处理系统内设置生产行政通信、调度通信系统，通信交换机利用电厂程控交换机。

5.5.1.8 电缆及电缆敷设

（1）电缆选型。

6 kV电缆采用铠装交联聚乙烯绝缘聚氯乙烯护套电缆。ZRC-YJV22-6/6电缆的导体应采用铜芯导体。

0.4 kV动力电缆型号为ZRC-YJV22-0.6/1 kV。

测量和控制电缆最小导体截面为2.5 mm^2。根据需要采用屏蔽电缆，至DCS的控制电缆采用屏蔽电缆。

一根仪用变压器的电缆只传输一个变压器的电压或电流值。如果同一个电压信号用于不同的需要（如：保护、测量、计量）应装设分离的小型断路器。变压器电压量用独立的电缆传输。

对于室内的CT电缆最小截面为电流回路不小于4 mm^2，电压控制不小于2.5 mm^2，CT电缆截面根据CT容量及电缆长度选择。

（2）电缆设施。

电缆设施以桥架为主，辅以电缆沟和穿管。室内的电缆桥架下层采用托盘式电缆桥架、上层采用梯级式电缆桥架，并在相同路径电缆桥架的最上层安装电缆桥架保护盖。室外的电缆桥架采用托盘式电缆桥架，并在每层电缆桥架上安装电缆桥架保护盖。桥架采用热镀锌。

（3）电缆防火措施。

除采用阻燃电缆外，废水系统内将有防火阻燃的可靠措施。

在墙洞、盘柜低部开孔处使用防火堵料封堵。

电缆沟进入建筑物入口处及电缆沟内分段处设置防火阻燃墙。

电缆夹层、电缆防火封堵墙两侧，地面上方2 m内刷涂防火涂料。电缆桥架在穿墙处、电缆桥架有分支处应设置防火封堵。

5.5.1.9　火灾报警系统

火灾报警和消防控制系统作为全厂火灾报警和消防控制系统的子系统，消防报警系统需满足并符合相关GB，DL及IEC标准的要求。

5.5.2　方案二

本技术方案电气系统同方案一。

5.5.3　方案三

本技术方案电气系统同方案一。

5.5.4　方案四

系统新增成套配电系统，根据实际容量及现场条件考虑是否需要增加变压器设备。

配电系统采用双路电源进线。电压等级为380/220 V，配电柜型号为MNS。配电系统负责为系统所有就地电气设备供电。

就地电气设备。所有电气设备均就地设手动启停及急停按钮，成套设备在就地操作箱里。如电动机需进行变频控制，则提供相应地就地变频器柜，变频器应能选择手动、自动运行方式。变频装置安装于变频柜内，防护等级不小于IP42，落地式安装，下进线。

所有电动机使用高效节能电机，达到国家一级能效标准。系统的电气负荷见表5.21。

表5.21　系统的电气负荷

序号	名称	单位	数量	说明
1	NSNF系统	kW	90	
2	薄膜蒸馏系统	kW	380	
3	MVR系统	kW	150	
4	离心机	kW	20	
5	其他	kW	20	
合计	总负荷	kW	380	
	运行负荷	kW	220	
	电源容量	kV·A	500	

其余电气系统技术方案同方案一。

5.6　控制

5.6.1　自动控制系统概述

（1）自动控制系统概述。

针对本示范工程设计一套完善的全电脑自动监控系统，实现整条生产线的一键式控制及连锁保护功能。本系统所有硬件、软件均采用德国西门子的高端产品。系统采用稳定高效的PLC+组态软件结构，网络采用工业以太网结构。本系统拟选用西门子系统，上位机使用西门子WINCC 6.0组态软件（SCADA）。

（2）自动控制系统主要功能。

基于本项目的特点，本系统将实现如下功能。

① 生产过程的物流动态集中监视和控制。系统将薄膜蒸馏系统中所有的电气设备、传感器、执行器全部连接起来，实现了全部电机完全从电脑屏幕上监视和控制(启停)。动态显示所有工艺流程。

② 重要工艺参数的监视控制。对生产过程中的工艺参数，如温度、液位、流量等，进行采集、显示、记录并提供越限报警。对重要的工艺参数，实现电脑自动控制。电脑根据用户设置的参数设定值，自动调节相应地执行器，使参数实际值维持在设定值的附近，同时提供越限报警。

③ 数据记录。对生产过程中的温度、压力、液位、流量、电流等参数，进行归档记录。所有生产记录都可以用曲线的方式查询显示，同时也可以选择需要的参数，进行报表打印。

④ 预警和报警。本系统提供独特的预警和报警功能。可以对生产工艺参数设置预警值和报警值，提高操作的便利性。对电控系统的硬件故障、电机故障、阀门故障及工艺参数的偏高或偏低等，提供报警。

所有的报警和预警，都提供闪烁文字提醒、车间内报警器报警和单独的电脑真人语音报警。电脑语音报警可以根据不同的报警来源和原因，用不同的语音提醒，可以最快、最有效地辨别报警原因，并进行故障处理。

（3）自动控制系统主要设备。

自动控制系统主要设备包括PLC及控制柜、工程师站、操作员站、UPS系统、编程组态软件、打印设备、操作台椅等。

5.6.2 仪表控制部分

5.6.2.1 废水处理系统的监测与控制

根据工艺要求设计完整、可靠、符合工业标准的控制系统，化学废水处理系统和脱硫废水处理系统的热工测量仪表分别由PLC和DCS完成数据采集和处理。数据采集和处理系统的基本功能包括数据采集、数据处理、屏幕显示、参数越限报警、事件序列、事故追忆、性能与效率计算和经济分析、打印制表、屏幕拷贝、历史数据存储、程序控制、自动调节、联锁保护等，保证水处理系统在各种工况下安全稳定地运行，确保水处理效率达到要求。

控制系统对水处理系统设备的控制具有程序控制、远控手动、就地操作三种方式。

就地仪表及控制设备选用通用产品，符合国家和行业有关技术标准，不淘汰产品，并考虑最大限度的可用性、可靠性、可控性和可维修性。

主要监测参数：

① 设备、装置工况及工艺的运行参数。

② 设备的辅机运行状态。

③ 主要阀门的启、闭状态及调节阀门的开度。

④ 电气联锁条件和开关状态。

⑤ 主要的电气参数等。

5.6.2.2 废水处理系统的设计依据

根据工艺要求，本工程必须对各改造系统进、出水水质、流量等各项指标进行全程自动控制，设置超值报警系统，确保电厂用水安全。

① 选择运行稳定、数据质量高、维护方便的监测仪器。

② 选择技术成熟、先进的系统，保证总体运行稳定、可靠。

③ 按照已有国家标准的业务规范和标准进行系统设计。

④ 系统可扩展性高，在线监测仪器接入软件和硬件工作能力方面利于升级、扩展。

⑤ 选择利于集成的计算机技术，保证后期与其他环保管理信息系统集成和数据共享。

⑥ 系统易于操作和使用，方便各种类型用户迅速掌握。

⑦ 整体投资性价比高。

5.6.2.3 废水处理系统的控制方式和控制水平

（1）控制方式。

废水处理系统控制系统的监控管理范围包括化学废水处理系统和脱硫废水处理系统，根据不同工艺系统分别采用PLC和DCS集中控制方式。

化学废水处理系统采用PLC控制方式，纳入原有化学水处理控制系统。脱硫废水处理系统采用DCS控制系统，接入原脱硫DCS系统。在每个系统设置就地电子设备间，布置DCS/PLC电源分配柜/网络柜、控制机柜/继电器柜和热控电源柜。

各水处理集中控制室，分别布置工程师站/操作员站/历史站/SIS接口机。

（2）控制水平。

采用DCS/PLC和计算机操作站组成主控制系统，对过程仪表参数、电气运行状态的监测、电气设备的运行控制及联锁由DCS/PLC完成，并将过程数据通过网络传送到操作站，实现过程数据动态显示；DCS/PLC可在与计算机系统脱机的条件下独立运行，其主要控制与监控内容如下。

① 依据工艺流程，建立控制系统流程图，在计算机系统上实现对整个处理过程的数据、参数的检测与监控。

② 监控电气设备的运行状态，对电机设备运行（开或停）、故障进行监控，在操作站的系统流程图上动态显示及报警。

③ 在操作站中对设备进行手动/自动切换、开/停操作，并动态显示电机设备的运行状态，实现操作站对现场设备的直观控制操作。对现场仪表的部分模拟信号实现棒形图直观显示监控，并对重要参数建立历史曲线和实时数据曲线记录。

④ 建立完整的管理数据库，在计算机系统中保留至少一年的运行数据与报警参数信息。

⑤ 系统中与有联锁条件的设备建立逻辑关系图，分析系统运行的状况，为设备事故的检查和安保联锁创造条件。

在本期集控室区域配置操作员站/工程师站/历史站/SIS接口机、工业以太网交换机、打印机等。

水处理系统按照自动程控运行方式进行设计，有被控对象及过程控制参数在水处理系统各控制室内，通过操作员站进行集中监控，主要工艺系统设备按照程序步控运行操作，也可在操作站上进行软手操作，或在就地电磁阀箱/MCC上对单个设备进行启停及开关的操作。操作站对整个工艺系统进行监控，采用全中文图形界面，全自动化动态显示、数据分析、数据存储、报表打印、高速通信等功能。完成工艺系统控制、显示、报警、报表、管理。工程师站可完成系统组态、调试及控制参数的在线修改和设置等。

在系统启停、正常运行或异常工况出现的过程中，自动对各参数进行检测、数据处理、定时制表、参数越限时的自动报警和打印。根据运行人员在LCD操作员站发出的命令，自动完成各局部工艺系统的顺序启停。

当系统发生异常或故障时，能通过联锁保护自动切除有关设备及系统；同时进行事故记录，并对异常参数或状态进行事故追忆。

控制、报警、监视和保护等基本功能从功能上和物理上尽可能分开，以保证在某一功能失效时，不会导致其他功能失效。保护功能必须具有独立性。

功能组控制的分级按照主要设备和辅助设备来建立，以便在部分传感器、部件或设备故障时，允许运行人员选择较低一级的自动化水平而不致全部丧失对过程的控制。

对于工艺系统内所有的电动阀门、风机、泵等设备，均可进行程序（远方）控制及就地/MCC控制，对于气动阀门能在电磁阀箱上进行控制。在操作员站进行远操时，控制逻辑中提供必要的闭锁手段，防止误操作。气动阀门的控制电磁阀相对就地集中布置在电磁阀柜/箱内，并尽量考虑设备的完整性。

5.7　工程投资估算及效益评价分析

5.7.1　投资估算范围

本示范工程投资估算范围为项目的静态投资，包括：

① 设备购置费。

② 新设备的安装、调试等工程费。

③ 项目前期费、勘探设计费、建设单位管理费、联合试运转费等工程建设其他费用。

④ 预备费。

5.7.2 投资估算依据

① 本工程静态投资估算为2017年11月当地水平。

② 费用和标准：执行国家发改委发布的《火力发电工程建设预算编制与计算标准》(2007年)。

③ 工程量：以各设计专业提供的设备材料清册及工程量清单为依据计列，不足部分参照类似工程计列。

④ 工资：按照五类调，建筑工程人工费单价26元/工日，安装工程人工费单价31元/工日。工资性补贴执行电定总造发布的《关于公布各地区工资性补贴的通知》〔2007〕12号文。

⑤ 安装材料价格：执行中电联技经〔2007〕141号文颁发的《电力建设工程装置性材料预算价格》。主要装置性材料价格按照《火电工程限额设计参考造价指标》(2010年）水平调整，只计取税金，差额计入编制年价差。

主要材料价格采用定额预算价格。

⑥ 调试：调试费执行中国电力企业联合会文件中电联技经〔2007〕15号文发布的《电力建设工程概算定额 第六册 调试工程》(2006年)。

⑦ 设备购置费用：工程设施设备大部分国产，部分关键设备选择进口。设备购置费按照到厂价计，主要设备价格采取厂商询价，部分设备价格（运费）采用近期同类型工程合同价。

⑧ 价差预备费：根据原国家计委计投资〔1999〕1340号文件《国家计委关于加强对基本建设大中型项目概算中“价差预备费”管理有关问题的通知》，投资价格指数按零计算。

5.7.3 工程投资概算及效益评价分析

5.7.3.1 系统总投资估算

（1）方案一：电絮凝+薄膜蒸馏+烟道蒸发（烟道蒸发方案）。

烟道蒸发方案的总投资估算见表5.22。

表5.22　方案一系统总投资估算

项目	估算值/万元
工程建设总概算	4265
工程设计及技术服务费	180
安装费	280
设备费	
预处理系统	360
薄膜蒸馏器（成套）	2255（包括关税和增值税）
烟道蒸发系统	100
工艺附属设备及材料	480
电气设备	100
仪表及控制系统	200
土建及配套	310

注：工艺附属设备包括非标设备、循环冷却水系统、真空系统及各种泵阀门、安装材料等。

（2）方案二：电絮凝+薄膜蒸馏+MVR蒸发（混盐方案）。

混盐方案的总投资估算见表5.23。

表5.23　方案二系统总投资估算

项目	估算值/万元
工程建设总概算	5325
工程设计及技术服务费	180
安装费	240
设备费	
预处理系统	360
薄膜蒸馏器（成套）	2255（包括关税和增值税）
MVR蒸发器	1230
工艺附属设备及材料	480
电气设备	100
仪表及控制系统	200
土建及配套	280

注：工艺附属设备包括非标设备、循环冷却水系统、真空系统及各种泵阀门、安装材料等。

（3）方案三：管式微滤+纳滤+薄膜蒸馏+MVR蒸发（分盐方案Ⅰ）。

分盐方案Ⅰ的总投资估算见表5.24。

表5.24　方案三系统总投资估算

项目	估算值/万元
工程建设总概算	6010
工程设计及技术服务费	180
安装费	240
设备费	
预处理系统	395
管式微滤系统设备	310
纳滤分盐系统设备	290
薄膜蒸馏器（成套）	2255（包括关税和增值税）
MVR蒸发器	1230
工艺附属设备及材料	480
电气设备	150
仪表及控制系统	200
土建及配套	280

注：工艺附属设备包括非标设备、循环冷却水系统、真空系统及各种泵阀门、安装材料等。

（4）方案四：无软化纳滤+薄膜蒸馏+MVR蒸发（分盐方案Ⅱ）。

分盐方案Ⅱ的总投资估算见表5.25。

表5.25　方案四系统总投资估算

项目	估算值/万元
工程建设总概算	6285
工程设计及技术服务费	200
安装费	240
设备费	
NSNF系统	1300
薄膜蒸馏器（成套）	2255（包括关税和增值税）
MVR蒸发器	1230

表5.25（续）

项目	估算值/万元
工艺附属设备及材料	480
电气设备	100
仪表及控制系统	200
土建及配套	280

注：工艺附属设备包括非标设备、循环冷却水系统、真空系统及各种泵阀门、安装材料等。

5.7.3.2　经济效益评价分析

（1）方案一：电絮凝+薄膜蒸馏+烟道蒸发（烟道蒸发方案）。

烟道蒸发方案的经济效益评价分析见表 5.26。

表 5.26　方案一系统经济效益分析

成本					
	总消耗量	单价	运行成本 /（元·h^{-1}）	废水处理成本/（元/吨）	年运行成本 /万元
预处理药剂消耗	—	—	45.00	1.50	22.50
薄膜蒸馏					
膜蒸馏用电消耗	120 kW·h/h	0.207 元/（kW·h）	24.84	0.83	12.42
薄膜维护	—	—	69.00	2.30	34.50
烟道蒸发用电消耗	170 kW·h/h	0.207 元/（kW·h）	35.19	1.17	17.60
合计				5.80	87.02
收益					
	总产量 /（$t \cdot h^{-1}$）	单价 /（元·$吨^{-1}$）	收益 /（元·h^{-1}）	废水收益 /（元/吨）	年收益 /万元
纯水产出	26.19	8	209.52	6.984	104.76
净成本					
废水净成本单价（元/吨）			年运行净成本/万元		
−1.184			−17.74		

注：一年 5000 运行小时数；设备自身用水、泄漏及蒸发逃逸等水分损耗按照纯水产量设计值的 10% 计算，故计算经济效益时纯水产量按照设计值的 90% 计算。

（2）方案二：电絮凝+薄膜蒸馏+MVR蒸发（混盐方案）。

混盐方案的经济效益评价分析见表5.27。

表5.27　方案二系统经济效益分析

成本					
	总消耗量	单价	运行成本/（元·h^{-1}）	废水处理成本/（元/吨）	年运行成本/万元
预处理药剂消耗	—	—	45.00	1.50	22.50
薄膜蒸馏					
膜蒸馏用电消耗	120 kW·h/h	0.207 元/（kW·h）	24.84	0.83	12.42
薄膜维护	—	—	69.00	2.30	34.50
MVR					
MVR蒸汽消耗	160 kg/h	72.4 元/t	11.58	0.39	5.79
MVR用电消耗	215 kW·h/h	0.207 元/（kW·h）	44.51	1.48	22.25
合计				6.50	97.46
收益					
	总产量/（t·h^{-1}）	单价/（元·$吨^{-1}$）	收益/（元·h^{-1}）	废水收益/（元/吨）	年收益/万元
纯水产出	26.19	8	209.52	6.984	104.76
净成本					
废水净成本单价（元/吨）			年运行净成本/万元		
−0.484			−7.3		

注：一年5000运行小时数；设备自身用水、泄漏及蒸发逃逸等水分损耗按照纯水产量设计值的10%计算，故计算经济效益时纯水产量按照设计值的90%计算。

（3）方案三：管式微滤+纳滤+薄膜蒸馏+MVR蒸发（分盐方案Ⅰ）。

分盐方案Ⅰ的经济效益评价分析见表5.28。

表5.28　方案三系统经济效益分析

成本					
	总消耗量	单价	运行成本/（元·h^{-1}）	废水处理成本/（元/吨）	年运行成本/万元
微滤					
微滤药剂消耗	—	—	1074.00	35.80	537.00

表5.28（续）

微滤					
微滤用电消耗	52 kW·h/h	0.207元/（kW·h）	10.76	0.36	5.38
纳滤					
纳滤药剂消耗	—	—	8.40	0.28	4.20
纳滤用电消耗	33 kW·h/h	0.207元/（kW·h）	6.83	0.23	3.42
纳滤维护	—	—	45.00	1.50	22.50
薄膜蒸馏					
薄膜用电消耗	120 kW·h/h	0.207元/（kW·h）	24.84	0.83	12.42
薄膜维护	——	——	69.00	2.30	34.50
MVR					
MVR蒸汽消耗	160 kg/h	72.4元/吨	11.58	0.39	5.79
MVR用电消耗	215 kW·h/h	0.207元/（kW·h）	44.51	1.48	22.25
合计				43.16	647.46
收益					
	总产量/（$t\cdot h^{-1}$）	单价/（元$\cdot t^{-1}$）	收益/（元$\cdot h^{-1}$）	废水收益/（元/吨）	年收益/万元
纯水产出	19.845	8	158.76	5.292	79.38
用盐产出	0.45	200	90	3	45
合计			248.76	8.292	124.38
净成本					
废水净成本单价（元/吨）			年运行净成本/万元		
34.868			523.08		

注：一年5000运行小时数；设备自身用水、泄漏及蒸发逃逸等水分损耗按照纯水产量设计值的10%计算，故计算经济效益时纯水产量按照设计值的90%计算。

（4）方案四：无软化纳滤+薄膜蒸馏+MVR蒸发（分盐方案Ⅱ）。

分盐方案Ⅱ的经济效益评价分析见表5.29。

表5.29 方案四系统经济效益分析

成本					
	总消耗量	单价	运行成本/（元·h^{-1}）	废水处理成本/（元/吨）	年运行成本/万元
预处理药剂消耗	—	—	45.00	1.50	22.50
NSNF					
添加剂（$Ca(OH)_2$）	43 kg/h	0.7元/kg	30.10	1.00	15.05
阻垢剂	0.92 kg/h	50元/kg	46.00	1.53	23.00
用电消耗	90 kW·h/h	0.207元/（kW·h）	18.63	0.62	9.32
膜更换	—	—	73.75	2.46	36.88
薄膜蒸馏					
膜蒸馏用电消耗	120 kW·h/h	0.207元/（kW·h）	24.84	0.83	12.42
薄膜维护	—	—	69.00	2.30	34.50
MVR					
蒸汽消耗	160 kg/h	72.4元/t	11.58	0.39	5.79
用电消耗	170 kW·h/h	0.207元/（kW·h）	35.19	1.17	17.60
其他					
药品消耗	—	—	10.00	0.33	5.00
电耗	20 kW·h/h	0.207元/（kW·h）	4.14	0.14	2.07
合计				10.77	161.63
收益					
	总产量/（t·h^{-1}）	单价/（元·$吨^{-1}$）	收益/（元·h^{-1}）	废水收益/（元/吨）	年收益/万元
纯水产出	26.145	8	209.16	6.972	104.58
用盐产出	0.45	200	90	3	45
合计			299.16	9.972	149.58

净成本	
废水净成本单价（元/t）	年运行净成本/万元
0.798	12.05

注：一年5000运行小时数；设备自身用水、泄漏及蒸发逃逸等水分损耗按照纯水产量设计值的10%计算，故计算经济效益时纯水产量按照设计值的90%计算。

5.7.3.3 各方案投资效益对比

表5.30列出了四种技术方案的综合投资效益对比。

表5.30 各方案投资效益汇总

技术方案	总投资/万元	运行净成本/(万元·年$^{-1}$)
方案一：电絮凝+薄膜蒸馏+烟道蒸发（烟道蒸发方案）	4265	−17.74
方案二：电絮凝+薄膜蒸馏+MVR蒸发（混盐方案）	5325	−7.30
方案三：管式微滤+纳滤+薄膜蒸馏+MVR蒸发（分盐方案Ⅰ）	6010	523.08
方案四：无软化纳滤+薄膜蒸馏+MVR蒸发（分盐方案Ⅱ）	6285	12.05

注：运行净成本为负数时代表盈利。

方案一总投资额最小，为4265万元，同时每年可实现收益17.74万元。方案四总投资最高，为6285万元。方案三运行成本最高，为523.08万元/年。

5.8 结论

5.8.1 本项目改造是必要的

随着国家水十条、《节约能源法》、《环境保护法》和相应地用水、排水收费政策（水资源费、排水费、超标费）的颁布，对火电厂用、排水量和水质控制要求日益严格。水资源费及废水排放的收费将受到严格监管，成为制约电厂发展的重要指标。

为改善现有废水处理设施运行状况，满足环评批复要求，实现水资源分级利用，减少废水的排放，最终达到综合回用，促进地区经济的可持续发展，该厂废水深度处理改造项目是十分必要的。

5.8.2 本项目改造是可行的

① 该厂废水深度处理工程的实施，可实现全厂废水综合治理回用，尽企业的社会责任。同时可满足国家将来对废水的监管要求，改善本地区的水环境质量，确保电力与环境的可持续协调发展，推进电厂未来发展，建设绿色环保型电厂；同时也为集团下属电厂解决全厂废水排放的技术难题，提供可供借鉴的解决方案。

② 经技术经济比较，选用的生产废水处理工艺具有系统简单、管理方便、自动化程度高、经济合理等优点。

③ 本次工程设计数据充分考虑了目前设施的状况，并留有一定的富余。

④ 经研究分析，场地基本满足工程要求。

⑤ 本工程考虑采用运行维护相对简单、系统可靠性高、中水取用相对较少的方案。

⑥ 电厂实施全厂废水综合治理后，将杜绝废水外排、提高脱硫石膏品质。

⑦ 现场施工条件较好，施工场地可利用电厂现有空地，施工用水、用电和通信可从电厂现有设施接引，建设所需的砖、灰、砂、石等地方材料本地区均可供应，设备、材料可通过现有铁路和公路运抵现场，能够保证工程顺利实施；改造项目采用的技术方案是成熟、可靠、有实践运行的技术，是合理的；改造工程符合国家相关环境保护的政策、标准；有着良好的社会、环境、经济效益，另根据对交通运输、供电电源、灰场、厂址场地等其他条件的初步认证，本改造项目进行废水深度处理改造是具备实施条件的，是可行的。